国际时装设计经典系列丛书

国际时装画大师作品精选

New Icons of Fashion Illustration

（英）托尼·格伦维尔 著

辛芳芳 译

东华大学出版社
·上海·

图书在版编目（CIP）数据

国际时装画大师作品精选／（英）格伦维尔著；辛芳芳译.—上海：东华大学出版社，2015.3

ISBN 978-7-5669-0706-6

I.①国…II.①格… ②辛… III.①时装-绘画-作品集-世界-现代 IV.①TS941.2②TS941.28

中国版本图书馆CIP数据核字（2015）第009676号

责任编辑　谢　未
编辑助理　李　静
版式设计　刘　薇

国际时装画大师作品精选
Guoji Shizhuanghua Dashi Zuopin Jingxuan

著　　者：
译　　者：辛芳芳
出　　版：东华大学出版社
（上海市延安西路1882号　邮政编码：200051）
出版社网址：http://www.dhupress.net
天猫旗舰店：http://dhdx.tmall.com
营销中心：021-62193056　62373056　62379558
印　　刷：深圳市彩之欣印刷有限公司
开　　本：889 mm×1194 mm　1/16
印　　张：13.25
字　　数：466千字
版　　次：2015年3月第1版
印　　次：2015年3月第1次印刷
书　　号：ISBN 978-7-5669-0706-6/TS · 579
定　　价：79.00元

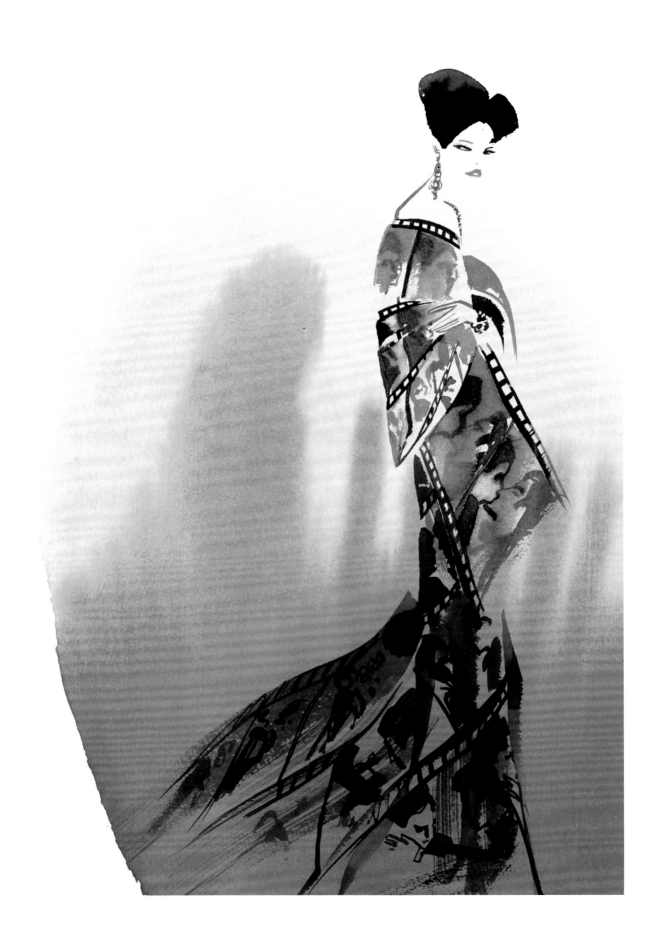

谨以此书献给我的父母琼和莱斯利

以及我的姑姑罗斯。

感谢他们在本书写作过程中所给予我的支持，

是他们带给我无穷的灵感、创意与启发。

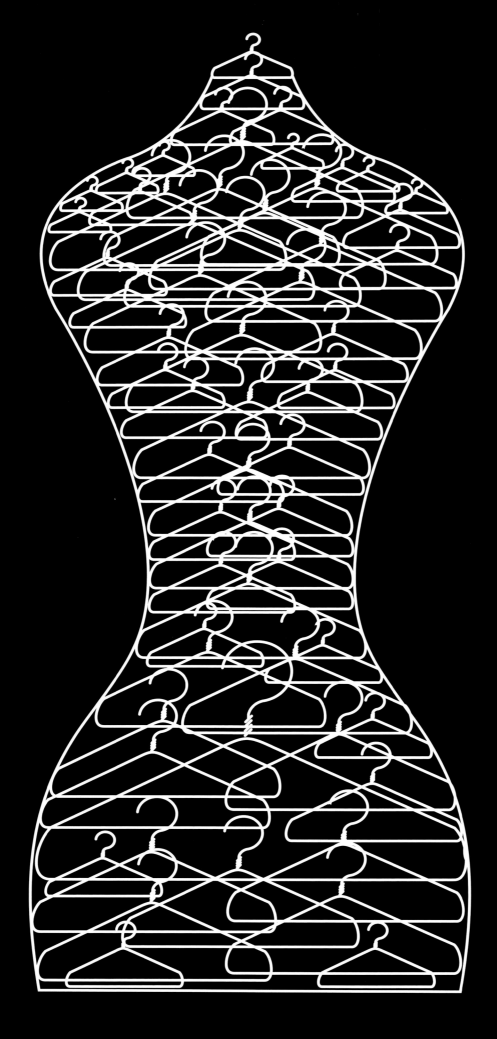

目录

简 介

　　在这个以电脑为主要工具的时代，时装画从表面上看似乎已经被电脑绘画所代替，然而，也许正是因为如此，时装画艺术才显得更加弥足珍贵，具备时装画绘画技能成为现代服装设计师的重要优势。从地中海到斯堪的纳维亚半岛，从英国到美国，成就斐然的年轻时装画大师们正在不断涌现。今天的时装画家们继续扮演着传统的角色，他们记录并观察着这个世界，通过线条来表现时空的本质。今天的他们拥有更加广阔的创作空间：广告、服饰配件设计（例如包袋），甚至瓷器设计，各种风格的时装画家，例如朱莉·范霍文（Julie Verhoeven）、大卫·唐顿（David Downton）、杰夫瑞·富尔维马里（Jeffrey Fulvimari）等均在多个领域寻找到发展空间。尽管融合了较多的传统艺术，但仍然可以通过现代技术的应用而重新焕发出活力，例如理查德·海恩斯（Richard Haines）就常利用网络技术，将速写手稿几分钟内上传到网上并寄给客户。

　　总之，无论如何，观摩时装画家们的创作总会让人无限惊喜，他们在纸上挥洒自如，捕捉人物的瞬间神态，寥寥几笔就勾勒出模特和服装，线条优美，形态飘逸，这个创作的过程本身就充满乐趣。

第6页图

卡洛斯·阿彭特（Carlos Aponte），
《衣架》，2007

第8页图

唐雅·凌（Tanya Ling），巴宝莉
（Burberry）2011年秋/冬时装展，2011

左页图

大卫·唐顿（David Downton），
《爱》，伊夫·圣洛朗，2010

下页图

皮特·帕里斯（Piet Paris），
维果罗夫（Viktor&Rolf）2011年春/
夏时装展的背景，2011

卡洛斯·阿彭特

CARLOS APONTE

卡洛斯·阿彭特（Carlos Aponte）作品大胆鲜明，富有线条感，即使他的某些作品相对平和，也仍然个性突出并充满自信。他的作品因为"留白"技法的运用，使其独树一帜。这种技法依赖于对物体结构的完全理解和完美的绘画技巧。高超的绘画技巧是各类画家的共同特征，但拥有一双善于取舍并富有洞察力的眼睛也是相当重要的，这个能力不能被低估，因为大胆的"留白"需要艺术家有绝对的把握。阿彭特在他的作品中表达了对线条的熟练运用和独特的理解，例如他把经典款式的镂空皮鞋画成旋转飞舞的昆虫，把运动中挥动的手臂画成五彩斑斓的扇子，把纽约地图画成飘动的裙子外轮廓线。他对线条的驾驭能力深深吸引了读者，而不是挑战受众的审美和品位。

通常情况下，时装画都有一个清晰的边界约束，但是阿彭特非常了解服饰的运动轨迹，所以在他的最新作品中，富有动感的人体以线条画的形式占据了整个画面，打破了常规的边界限制。阿彭特的作品非常具有现代感，他秉承了20世纪大胆创新的绘画风格，画面多由线条和图形组成。作为一个严谨的现代派画家，他的作品具有超越时空的永恒性。在绘制男装时装画时，他能灵活驾驭色彩（通常是单色）和单线条，并将它们的艺术效果表现到极致。这些技法都造就了他独特的风格和类型，他的作品也倍受观众的欢迎。

一个有趣的现象是直到20世纪初，许多时装画家还在强调对线条的控制，他们的作品多是模仿前辈（常常是艾蒂安·德里昂（Étienne Drian）的作品）。后来的时装画家，如雷内·博奥思（René Bouché）或埃里克（Eric）开始提倡自由的线条，他们的作品中清晰地保留了钢笔和毛刷的粗糙痕迹。现在我们又重新意识到线条的表现力，时装画的创意不能全依赖于应用技术和电脑处理，而是要更多地通过实际的绘画来表达，在时装画界，也许雷内·格劳（René Gruau）的作品最能体现这一点。阿彭特渴望提高作品的力度，这样的渴望让他在常规的创作之后勇敢地尝试一些新技法，例如他独创的"粘贴线条"画法，这种画法具有画面平整和泼辣的风格，而同时能与他的风格浑然一体。

右页图
《端坐的模特》，Gilbert & Lewis品牌（美国），2011
这是一张端坐着的模特半身像，模特身着印有红色图案的浅蓝色休闲装，上装和短裤风格一致。

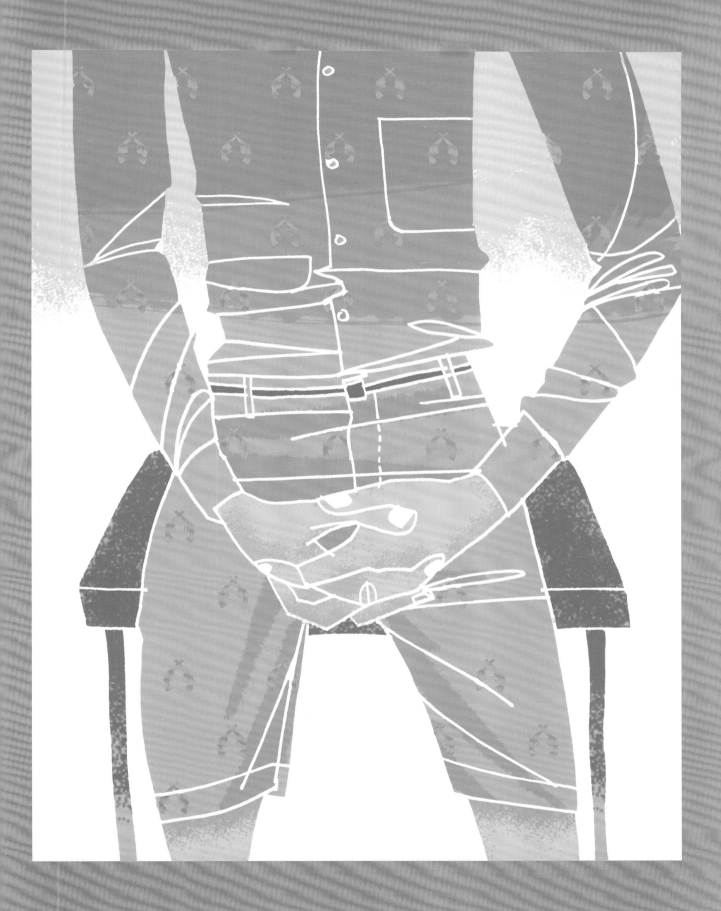

左图和左下图
《黑与白Ⅰ、Ⅱ》，詹弗兰科·费雷
（Gianfranco Ferré），2013

下图
《无题》，出自《视觉》杂志，1993
阿彭特采用手工粘贴胶带的方法，设计出各种
线条和图形，创造出具有强烈动感的轮廓造型。

你出生于何时何地？目前你住在哪里？

我出生于纽约，在波多黎各长大。在那里我生活了很长一段时间。现在我住在泽西市中心，离纽约市中心不太远。我享受这世界上最棒的两种生活：精彩的都市生活和宁静的世外桃源生活。

童年有哪些对你艺术创作颇有影响的特殊经历么？

最初对我产生影响的是漫威漫画公司（Marvel）作品中的超级英雄，然后就是来自好莱坞的经典电影。但对我影响最大的是我对安东尼·洛佩兹（Antonio Lopez）时装画的理解。我是在他去世前几年遇到他的，当时我参加了他在阿尔托斯香凡度假胜地举办的最后一次研讨会，他教会我去尝试新的事物，去感受和体验，他成为我亲密的良师益友，我们拥有共同的文化背景，所以容易产生共鸣，他积极鼓励我去纽约发展。

上图
《无题》，克里斯汀·迪奥（Christian Dior），2003

右图
《无题》，2010
正如粘胶带时装画作品所体现的艺术特色，阿彭特一直致力于"平民艺术"的探索和表现。这幅时装画作中他采用廉价卡纹纸刻画出富有肌理的A型裙。

你还记得早期绘画的故事（或经历）么？

我记得最早的一次经历是为一场环球小姐大赛作画，我画的是一些身着怪异服装的女人。我那时是在速写本上画的，工具是钢笔和绘儿乐（美国专为儿童提供的绘画工具）。

能介绍下你最早的作品么？

那是我为一家波多黎各酒店的宣传时装秀作画。我想要确保他们对我满意，所以我画了很多作品，我把他们宠坏了，从那以后他们一直像第一次那样要求尽可能多的作品。

你最喜欢的绘图工具或方式是什么？

我没有什么特别偏爱，我喜欢手绘，但是我也一直喜欢尝试不同的方式绘画。

你工作时喜欢安静的环境，还是有音乐（广播）的环境？

我自己喜欢演奏音乐，我喜欢为工作制作一些配音，就像一部电影：有故事情节，有旋律基调……有时候我也不听任何音乐，这取决于工作类型的需要。

你理想的工作是什么样的？

我理想中的工作是那种能与远见卓识的艺术总监合作，具有挑战性的工作。

你是"慢功出细活"型还是"速写"型时装画家？

我绘画很快，但是无论我画什么，都要画出新鲜感。

你常用速写本么？

是的，我一直带着速写本，上面记满了各种想法，有时候甚至是小故事。这当中有些视觉方面的想法会成为时装画的灵感或收集在我的作品册中。

你能描述下你的作品么？

我的作品总是在不断地探索和创新，就像时尚一样。

左图

《荷西和大卫》，Gilbert & Lewis
品牌（美国），2011

轻松的肢体语言和拉长的人体比例
组合，体现了简洁的服饰特点。

下图

《围巾》，Gilbert & Lewis品牌
（美国），2011

时装画需要体现鲜明的风格。画
中眼镜、围巾和精心修饰的学院派发
型都明确表达了这个理念。

《无题》，Gilbert & Lewis品牌
（美国），2011

姿势的选择对时装画家来说至
关重要。这组时装画中的人体动态自
然，体现了男装的现实穿着状态。

蒂娜·伯宁

TINA BERNING

蒂娜·伯宁（Tina Berning）在绘画技巧和效果处理上有自己独特的方法。在她的作品中能隐约感觉到另一位时装画大师的风格——19世纪的康斯坦丁·盖伊斯（Constantin Guys）。蒂娜·伯宁作品中最为奇特的几点表现是：她使用单色水洗般的绘画技法；试图让创作主题和观众产生互动；细致的观察和极端的个人主义表现手法结合。虽然蒂娜·伯宁的作品似乎与当代时尚艺术家伊波利特·罗曼（Hippolyte Romain）的风格完全不同，但有一点相同：他们都习惯用时尚的"标签"填满画面，并记录下对象的表情和瞬间的状态。

伯宁常常用分层绘画的方式进行创作，她创作中的某块抽象画板或一个与主题无关的图案常令人感到惊讶，最后完成的画面总有一种奇妙而令人不安的质感，她会采用照相技术对作品进行处理，使其作品达到另一个高度，引导观众进入她想象中的世界。伯宁既是时尚家也是艺术家，向我们展示了她对时装的独特想法。和戴安娜·弗里兰（Diana Vreeland，传奇时尚编辑）一样，她让我们相信她画笔下的一切都是真实的——她对视觉艺术的控制让我们确信，我们所看到的头发就是散乱的，领结就是巨大的……这不是一个"艺术家风格"的问题——这个被滥用的词是用来掩饰那些画得不好的作品。她作品的一个典型特征是时装画必须能讲故

事，她希望我们能看到这些故事。观众对伯宁的作品反响很好，这些作品完成了她赋予它们的使命。

伯宁具备可以画任何物体的能力，从为建筑类出版物画房子周围的女人到苏联领导人，她无所不能。伟大的时装画家的标志就是，他们不仅能根据客户的要求进行创作（这是基本技能），同时还要具备对时装的独特理解。伯宁的作品展示了一系列的绘画技能、主题和风格。她的信条是："一天一幅画，医生不来家"，揭示了她的职业精神：坚持绘画艺术，这也暗示了她会坚持画任何题材的时装画。从《纽约时报》到众多欧洲出版商，她的个性化和令人激动的作品都备受欢迎，这也证明了只要辛勤的耕耘，必然有丰硕的回报。

右页图
《崔姬——回顾和感受40多年的传奇》（崔姬为英国20世纪60年代著名超模），企鹅出版社，2008
柔和的色调与大胆的服装设计进行对比，伯宁给我们展示了身着领结上衣、修身长外套和褶裥裙，摩登又浪漫的超级名模形象。

你出生于何时何地？目前你住在哪里？

我1969年出生于布伦瑞克（靠近汉诺威的一个城市）。我在西德长大，10年前移居柏林。我的姐姐和父亲现在住在我隔壁，柏林已经成为我的故乡。

童年有对你艺术创作影响重大的特殊经历么？

我是和FAZ杂志一起长大的。FAZ杂志是我父亲的报纸《法兰克福汇报》的每周增刊。我那时总是和我的姐姐们比赛谁先拿到杂志，然后剪下那些漂亮的照片。因为我最小，所以我只能拿到剩下的那些时装画——它们也很漂亮。在电影《黄色潜水艇》担任美术设计的海茵茨·爱德尔曼（Heinz Edelmann），一个月至少会在FAZ杂志上刊登两次作品；著名的艺术家汉斯·赫尔曼（Hans Hillmann）、葆拉·利亚（Paola Paglia）和布拉德·荷兰（Brad Holland），也都是FAZ杂志的撰稿人。我那时不知道这种画叫什么，但是我知道我以后将会从事这个职业。

你还记得早期绘画的故事（或经历）么？

小时候，只要有铅笔我就会在任何地方画，我家的墙上到处是我的画。所以我母亲就用黑板装饰了一整面墙，这样我就可以随心所欲地画——我的确也这么做了。现在我的女儿拿到铅笔也开始在任何地方画——特别是墙上……

能介绍下你最早的作品么？

我的处女作是为一家饼干厂的包装纸袋绘制的插画集。其中有一张是1992年创作的，到现在它还在使用——从版权的角度讲，这真是一场"灾难"。

你最喜欢的绘画工具或方式是什么？

我喜欢用彩色装饰玻璃、拼贴布和油墨这些材料来绘画。

你工作时喜欢安静的环境，还是有音乐（广播）的环境？

一直以来我都喜欢魔幻类型的音乐，它有助于让我进入创作状态和集中注意力，对我而言就像圣歌一样。当我一整天都在进行绘画创作时，我会听广播（新闻频道）。

你理想的工作是什么样的？

任何一种工作，只要它足够尊重艺术家的创作，就像艺术家尊重表现主题一样，就是理想的工作，如果再有点挑战性，那就太棒了。

你是"慢功出细活"型还是"速写"型时装画家？

我会花时间思考、准备和策划，执行起来就会非常快。如果构思过程比较缓慢，而我又必须坚持，那就会持续一段时间。

你常用速写本么？

我和朋友们有个博客（Bilderklub.de），里面装满了过去七年创作的画作。我们一直在更新，时多时少，如果博客上每天都有新的内容，那肯定是创意爆棚的时候。

速写本或其他类似的记录资料可以激发我的灵感，也能让我每天都能跟随自己的灵感去创作，这是长期的艺术实践必不可少的。

右图

《乡村》，选自《时尚潮流》，工业和商业贸易出版社，2010

深色人字花呢搭配毛茸茸的冬季皮草围巾，在鲜艳的玛瑙绿色和红宝石色的映衬下显得非常突出，风格独特、鲜明。

你能描述下你的作品么？

绘画就是学习合理地观察，我努力做到这一点，绝大多数时候是观察人物。

你对你要表现的主题有研究么？是如何进行研究的？

说到研究创作主题，网络肯定是不二之选——特别是随机搜索，可以帮你搜到很多有趣的结果。我有时也会研究从跳蚤市场上收集来的宝贝：像1965年以来的"巴黎女郎"的照片，或是40年代以来的电影明星们的系列卡片，这些收集名单还在不断增长，每到周末又会多出许多。

你是如何看待个人创作和商业工作的？

我同时兼作绘画和展览工作，我喜欢在商业委托工作和非商业委托工作之间切换。我很满意我现在的创作状态，那些体现时光流逝的主题，通过我的商业作品表现出来，自然而然地成为我个人的代表作。

你有什么要告诉读者的么？

我一直乐意分享我祖母的信条，她用老式的花体字画在她家的墙上："Liebe Lacht doch"（笑对人生）。

上图

《凡妮莎和约翰》，选自《南德意志报》，2011

这对著名的情侣，他们衣着极具品味却未必前卫时髦。画中约翰·德普（Johnny Depp）和凡妮莎·帕拉迪丝（Vanessa Paradis）（美国影星夫妇）的着装优雅得体，相映成趣。

左图

《达令赫斯特大街》，选自
《防暴杂志》，2011

通过将巴黎世家（Balenciaga，
法国时装品牌，译注）斗篷服装上
的建筑形弧线和皮埃罗（哑剧中的
男主角，译注）围脖上的褶皱结合
起来，再加上点小丑服上的钻石，
伯宁将艺术史中的喜剧元素带入时
装界。

下图

《罗曼蒂克》，选自《时尚
潮流》，工业和商业贸易出版
社，2010

花饰和荷叶边的精致描绘，与
简单的背景处理形成鲜明对比。

詹森·布鲁克斯

JASON BROOKS

时装画家要有能力去创造一个"人物形象"———一个形象的标志性解读，能够成为某个特别时代或某个品牌的象征，可以被时装画以完美的形式记录下来。例如箭领男人（美国20年代广告上的男性形象）、吉布森女孩（美国画家查尔斯·达纳·吉布森（Charles Dana Gibson）描绘的19世纪90年代的美国妇女形象）或雷内·格劳（René Gruau）的迪奥女郎，这些都是典型的"人物形象"的例子，有着自己的"生命过程"。詹森·布鲁克斯（Jason Brooks）也设计了属于自己的"女孩"，她和她的朋友们居住在一个我们渴望的美妙世界里，那里光怪陆离、美轮美奂，好日子似乎永远没有尽头，她们或是在海滩或是在酒吧，布鲁克斯让我们去相信，这是一个真实的世界，是如此完美，因为他早已为我们检查过每个细节。这如同一个作家清楚小说中人物的背景故事，同样的道理，艺术家也很清楚他创造的这个世界的每个细枝末节。

他所有的作品都能体现画家创作时的一个特点：细致的观察。这个无关技术的基本观察力和对线条的理解以及对工具的娴熟运用，支撑着这位画家的所有作品。你无需怀疑他的作品的真实性：那位手执玫瑰的模特，手中拿的就是玫瑰；模特挑起的眉毛表现的就是最恰当的情绪。即便是他最近的一些速写作品也表现出同样的综合能力与准确性。他的作品广为人知，题材广泛，从早期的报刊作品到大型广告，布鲁克斯对他经手的每个创作都一丝不苟。

在布鲁克斯的作品中，色彩一直处于重要的地位。在他的许多画作中，都有对时尚色彩高超的驾驭和平衡能力。对于时装画家而言，能反映潮流并保持个人特点和风格始终是一个挑战。作品的时效性对于视觉时尚艺术也很重要，无论是绘画还是摄影作品。面对这些挑战，布鲁克斯能始终将一切尽在掌握中，无论是他精美的数字艺术作品还是简单的线条手绘稿，都可以精练地表达出他想说的话。他以自身为例，证明了全职专业时装画家需要与时俱进和不断进步，同时保持自身素质的完整性和视觉作品的力度。他的作品是扎实的基本功、创作激情和高超技艺的完美结合。他最出名的作品风格更接近20世纪伟大的海报画家和动画艺术家，而不是埃里克（Eric）和雷内·格劳（René Gruau）这类插画家。他的创作之旅向人们演示了他是如何让时装画艺术重现光彩的。

右页图

《模特走台》，粉红色，2008

画中人物微笑地注视着观众，这个长腿优雅的模特穿着"恨天高"高跟鞋，迈着大步自信地穿过页面，艺术家用大胆的笔触留下许多无声的内容，暗示着我们想要知道的每个细节。

你出生于何时何地？目前你住在哪里？

我1969年11月23日出生于伦敦，现在住在英国布莱顿，在这里我有自己的工作室，收藏了很多书籍和艺术资料。在工作室里，我可以真正专注于自己的创作。

童年有对你艺术创作影响重大的特殊经历么？

我小时候就对绘画有浓厚的兴趣，父母也一直鼓励我。幼年时期，对我影响最大的是一次托斯卡纳的旅行，那年我六岁，也是我有生以来第一次观看大型绘画雕塑展。除此之外，印象较深的还有一次在佛罗伦萨的乌菲兹美术馆里，参观保罗·乌切洛（Paolo Uccello）的《圣罗马之战》，我被画面彻底征服了。从那时起，我就特别爱画战争题材，我想那是因为我能借此机会描摹各种各样的人体姿态，表现他们背后各不相同的故事。我也常为我的家人和来访的客人画肖像。

你还记得早期绘画的故事（或经历）么？

我记得大约两岁半到三岁时，曾在一张纸上用红色蜡笔画人体头像，画面大约有A1纸大小，反正比我大。当头像完成时，我清楚地记得大人们吃惊的表情，因为我不仅画出了睫毛和眉毛，还为人体的两侧加上了手臂和手指。这件处女作让我赢得了意外的关注和赞扬。

能介绍下你最早的作品么？

我第一次有酬绘画是在十几岁时。那时我经常把画稿寄给一些风投公司和杂志，选中的画稿他们会拿去印刷出版，然后付给我25或50英镑，在当时这可是一笔不小的酬金。我十几岁时开始画地图，被印制成学校的练习簿——出版公司每年给我寄两次版税支票，这样的情况持续了好多年。

第一次真正的突破是我22岁时，当时我在圣马丁斯艺术学院学习。那时候英国版的《时尚》要出版一个关于新奥尔良的绘画故事，大约有五、六页。那真是一次令人激动的挑战，也触发了后续一连串精彩的创作任务。为《时尚》杂志绘制画稿的经历，贯穿了我整个大学生涯。

左图

《片断》，2011

光滑的头发、弯弯的眉毛、红艳的嘴唇在直立领茄克的映衬下，散发着浓郁的巴黎式诱惑，左侧的面料则是具有异国情调的东方元素。

下图

《口红》，为画廊所作，伦敦，2011

为了感谢雷内·格劳（René Gruau）和红唇品牌，布鲁克斯画了四个充满诱惑的向上翘的红唇。

你最喜欢的绘画工具或方式是什么？

我会先在纸上画好草图，然后在苹果电脑上用软件处理，我用的比较多的是Photoshop软件。我相信如果雷内·格劳（René Gruau）或安东尼·洛佩兹（Antonio Lopez）在世的话，他们也会用电脑，因为软件可以做出很多效果，如色彩鲜明的色块、渐变、彩色剪影、字体、拼贴等等；在电脑出现之前我就尝试过这些效果，现在操作起来都很方便。

你工作时喜欢安静的环境，还是有音乐（广播）的环境？

如果我在起稿阶段构思概念，我会要求尽可能安静，这样我可以真正集中于正在思考的内容，不会受到任何干扰或外界的影响。其他时间我喜欢听音乐或收听收音机节目。

你理想的工作是什么样的？

我一直想创作一系列真正插画风格的旅游书籍，例如环球旅行中各个城市的速写插画。我喜欢自由自在地进行完全自我的艺术创作：油画、速写或者雕塑，我会坚持画两年，然后举办个人画展。我也期待能有机会执导电影或制作007电影系列，希望能有机会与大卫·林奇（David Lynch）或汤姆·福特（Tom Ford）合作。也希望能有机会为自己的品牌设计并打造更加广泛的产品。但凡能与麦当娜（Madonna）、斯蒂芬·斯皮尔伯格（Steven Spielberg）、雷德利·斯科特（Ridley Scott）或卡尔·拉格菲尔德（Karl Lagerfeld）这些大腕们合作，肯定是件非常有意思的事情……

你是"慢功出细活"型还是"速写"型时装画家？

我最擅长的是速写写生，我会布置好人、物，然后开始绘画。这样的画法是我在旅行中养成的，当我需要将某些想法或构思记录到纸上的时候，我会画得很快。我无比热爱的名作是：毕加索（Picasso）的《沃拉尔系列版画》和大卫·霍克尼（David Hockney）《红环铜版画》中果断的线条，它们几乎是我一生的灵感来源。商业作品创作我会花费较长的时间，绘画层次较多，通常是在快速速写后输入电脑进行着色。

你常用速写本么？

是的，我喜欢速写本，我有个盒子装满了速写本，可以追溯到过去好多年。这些年我的速写本比早些年更实用，因为我手头上的商业项目太多，写的内容和画的内容也更多。

你能描述下你的作品么？

五个词可以形容我的作品：含蓄、理想、魅力、性感和乐观。

你对你要表现的主题有研究么？是如何进行研究的？

我发现研究是必须的，而且一般来讲，研究还是一个持续的过程。我工作室里有个小型图书馆，有很多艺术和设计方面的书可供查阅。

你是如何看待个人创作和商业创作的？

我的个人创作促使我去体验、去发掘新的风格、想法和方向，如果可以的话，我喜欢画一组画，系列的作品会更加出彩，完成的效果也会更好。目前我的个人创作正往借鉴更多的传统艺术的方向发展，例如手绘和丝网印刷。能有时间进行个人创作绝对能提高我的商业作品数量。

灵感源自安东尼·贝拉尔迪（Antonio Berardi，意大利服饰品牌），2008

时装画家必须具备高超的比例感。在这张作品中，模特圆润蓬松的外套与整洁的发型、修长的腿形成完美的对比，突出了模特的整体轮廓。

右图

《卡普里岛》，2010

画中宽条纹背景、俯视角度的泳装模特以及细致描绘的模特身影，都散发着些许怀旧的情愫。

下图

《马丁尼酒杯》，2005

作品中的每个酒杯上都绘有一幅画，每个酒杯都因此而更具魅力。黑色背景下，大胆的色彩刻画出清晰的图形，表现出明朗的设计风格。

右页图

巴黎世家2010年春／夏时装展，2010

画家精心刻画了每个细节，从眼睛的颜色到鞋子的形状。模特姿势新奇而不落俗套，恰如其分地表现出巴黎世家设计师尼古拉斯·查斯奎尔（Nicolas Ghesquière）的设计风格。

Balenciaga
Spring
Summer
2016

Marni

Nina Ricci

Jean Paul Gaultier

Louis Vuitton

Jason Brooks November 2007

左页图和下图

时装画，2007秋/冬
　　布鲁克斯已经成功地塑造出他理想
中的模特形象：杏仁眼、充满自信。优
雅的她总是飘然而过，衣着时尚、表情
冷漠、气场强大。

塞西莉亚·卡斯特德

CECILIA CARLSTEDT

第一印象很可能极具误导性，塞西莉亚·卡斯特德（Cecilia Carlstedt）的作品就是这样，她的作品具有魔幻特质，第一眼不易察觉。在她的作品册中，很多的例子都展现了她独特的技法：先用简单的粗线条画出人体的局部，再进行模糊处理从而获得一种抽象感，画面上的粗线条与模特细致描绘的脸、头发和手形成对比，阴影部分的轮廓暗示着人物的特点和表情。卡斯特德作品中所采用的这种手法是模仿19世纪金属雕刻风格和反怀旧复古的抽象派艺术风格。她的每幅作品都是捕捉人物瞬间的神态，背后都暗藏着一个精彩的故事情节。

卡斯特德的作品带有叙事性，画面中的动感增强了这种类似电影剧情的感觉，好像画面上有一个无声的声道，正推进着剧情的发展。她的作品继承了时装画最大的传统，就是叙说故事的特点，画面要表达的不只是简单逼真的服装描绘，还有精彩的故事。这一点类似时装画艺术家安东尼·洛佩兹（Antonio Lopez），他雇佣真人模特和女演员，描摹她们生活中的姿态。卡斯特德展示了更多、更夸张的神态和姿势，从睡眠中的人物特写到外景下的各种活动状态都出现在她的作品集中。她用插画的方式讲述着不同的故事：两性题材、度假题材和爱情故事，她的作品中总有剧情和一种特别的氛围。这里特别有趣的一点是其作品的色彩组合，反映了斯堪的纳维亚人那种对色彩的独特的敏感和合理运用。她的画中有一种柔和的特定的色阶，超越了季节和时装，这种阴影画法她也运用在很多其他的地方。当然她也会用鲜明大胆的颜色，但是极少。

所有这些特点组合起来，让塞西莉亚·卡斯特德的作品显得有点"另类"，这正是客户和观众都在寻找的艺术：富于个性和风格的原创作品。它们未必有多么吸引眼球，但是无论怎样，它们能让我们停下脚步，观看并思考。

右页图
《绿色、黑色、粉红色》，选自《视觉诗篇》，哈那侯画廊，2011
卡斯特德将画面中大部分内容留白，描绘出模特时尚的形象。这张完美的时装画展现了画家高超的技巧和魄力，这正是许多人渴求达到的艺术高度。

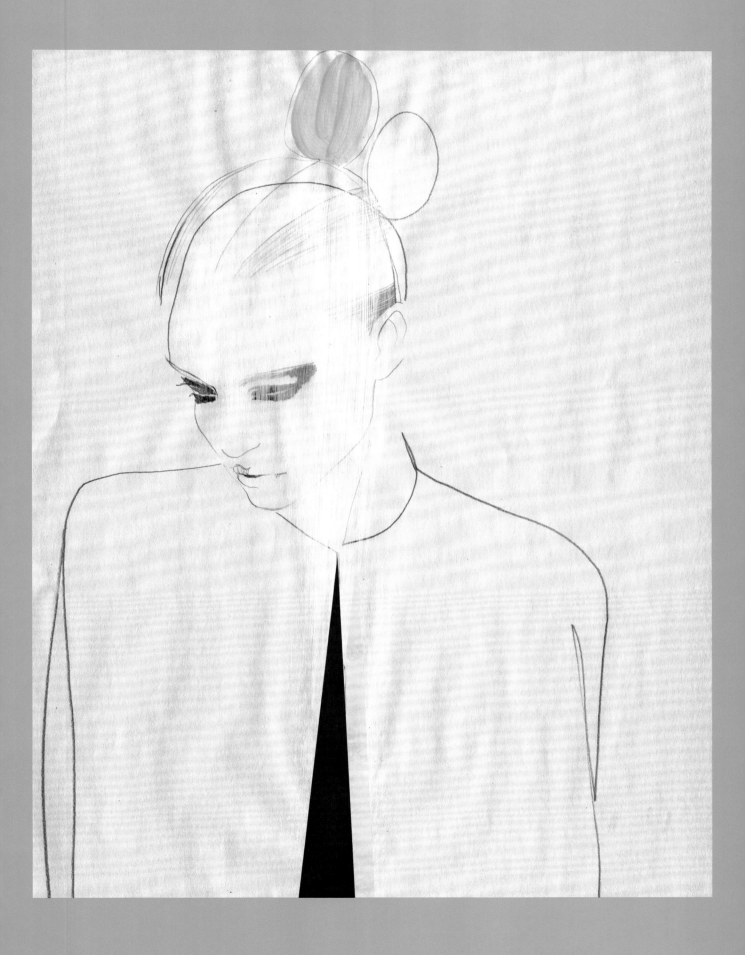

左页图和上图

《无题》，2011

黑白对比让人涌起一丝怀旧的感觉，仿佛水洗过的柔软笔刷在黑色背景上一掠而过，白色的笔触以神奇的方式描绘出皮草的感觉，这幅画展示了作者对单色线条和空间的高超驾驭能力，让人联想起旧时的老电影。

右图

H&M店内海报，2012

流畅自信的笔触在柔软的水彩纸上自由驰骋，深紫红色的耳环是画面的重点，照片是不可能做出这种效果的。

下图

《马提尼的金发俄罗斯女郎》，马提尼品牌发布会，2011

时装画中经典的黑色眼影和深红色口红，透过镂空的朦胧面纱，获得了另一种全新的表现效果。模特凝视着观众，遮挡的面纱反而让隐约的嘴唇更有魅力。

你出生于何时何地？目前你住在哪里？

我1977年出生于斯德哥尔摩，在海外生活了一段时间后，现在我又回到了这里。

童年有对你艺术创作影响重大的特殊经历么？

我的母亲也是一位画家，她一直鼓励我的创作。

你还记得早期绘画的故事（或经历）么？

那是我六岁时画的一个娇小的丰满女郎，她身着精致的服饰——一件满是刺绣的大领子外套。我记得当时这张画让我很自豪。

能介绍下你最早的作品么？

我最早是为瑞典版的《时尚》杂志绘制作品，描绘当时的英国时装潮流。

你最喜欢的绘画工具或方式是什么？

我最喜欢的工具是铅笔和墨水，我会采用各种各样的绘画方式。

你工作时喜欢安静的环境，还是有音乐（广播）的环境？

大多数时候是一直放着音乐的。

你理想的工作是什么样的？

能自由地诠释最前沿的时尚标签的工作。

你是"慢功出细活"型还是"速写"型时装画家？

我画画很快。

你常用速写本么？

我以前有，但每次我要用的时候就一个也找不到，结果就是几百个从没用过的速写本散落在各个角落，想要的时候又找不到。

你能描述下你的作品么？

我的作品是中庸的，重视个人体验并与时装界联系紧密。

你对要表现的主题有研究么？是如何进行研究的？

根据我要研究的主题，我会采用常见的方式或渠道，例如网络搜索。有时候我也会去买很多杂志和书籍，目的是为了获得灵感和激发创作的兴趣。

你是如何看待个人创作和商业工作的？

我个人创作的点滴积累最后都会演变成富于灵感的商业创作。

H & M预防艾滋病宣传画（瑞典），2011

字母图案和简约的连身装本身并没有特殊魅力，但画面中阴影的处理、阴暗面与高光区之间的自然过渡以及对字母的细腻描摹，都显示出画家高超的平衡能力，栩栩如生地刻画出一个神情放松、有型有款的模特形象。右图中，上衣胸部的字母是这张时装画的重点，画家选用柔和的单色调精心刻画。

让·菲利普·德罗莫
JEAN-PHILIPPE DELHOMME

从18世纪英国漫画家詹姆斯·吉尔雷（James Gillray）和托马斯·罗兰森（Thomas Rowlandson）开始，艺术家们就喜欢用戏谑的手法来反映社会现实。19世纪伟大的漫画家塞姆（乔治斯·古尔沙-Georges Goursat）就曾视时尚为一种反映社会现象的工具。经历了一个多世纪之后的今天，让·菲利普·德罗莫（Jean-Philippe Delhomme）以相同的方式对时尚做出了同样的定义。他曾经在一次采访中说过："有的人接受时尚，有的人不接受，接受的人感觉很好，他们不会介意其他人的看法。"

当他完成了中学课程后，德罗莫前往巴黎，进入国立高等学校的艺术装饰系学习动漫艺术，并于1985年毕业。他的处女作发表在英国版的《时尚》杂志上。随后不久，他的作品又陆续出现在其他系列出版物中，包括《时尚日本》、《时尚巴黎》和《住宅与庭院》等杂志。1987年他为杂志《法式魅力》绘制系列画："宝丽来的女孩"，在这组画中他用幽默的手法揭示了社会的阴暗面。90年代初，他的风格已经广为人知，他的水粉作品和诙谐的文字注释被纽约巴尼斯精品百货公司采用，出现在公司每季的广告、户外宣传牌和动画广告上。当时巴尼百货的创意总监罗尼·库克·纽豪斯（Ronnie Cooke Newhouse）和格伦·奥布赖（Glenn O'Brien）极力主张用插画取代照片来进行广告宣传，他们很欣赏德罗莫以幽默的手法表现现代社会生活和时尚的做法。从2009年到2010年间，德罗莫为曼哈顿的马克酒店广告牌提供广告作品，他再次以动漫插画的形式展现了自己的风格。2000年被路威酩轩集团收购的巴黎好商佳廉价百货公司，也委托德罗莫为他们的广告提供创意、插画和脚本。

德罗莫已在纽约、巴黎和东京等多地举办展览。2009年里佐利出版社出版他的作品集《耕种生活》。他的博客："无名的时尚玩家"描绘了他眼中的时尚世界的前世今生，体现了他对复杂的时尚界的独特理解，令世界各地的读者为之疯狂。

右页图
《安迪·沃霍尔和让·米歇尔·巴斯奎特在印度支那》，2010
沃霍尔和巴斯奎特穿过午餐桌凝视着观众，在棕榈树的背景映衬下，他们分别身着黑色和银色的茄克，并与彼此的黑色和银色的头发构成视觉平衡。这幅作品体现了表达幽默和风格塑造所需的精湛技巧。

下图

《幕后》，2011

服装设计师精心调整好服装色彩的平衡，时装画家随后决定绘画角度和画面色调，他们的合作让这张时装画呈现出最佳的效果。画面中，蓝灰色台阶将两个模特和谐地联系在一起。

右页图

《维维安·韦斯特伍德》，选自《缪斯》杂志，2009

这张大胆的时尚肖像画，简直就是各个时期维维安·韦斯特伍德（Vivienne Westwood）的浓缩写照：极不自然的红色头发，蓬松的格子呢面料和松散别于颈部的徽章，粗犷的笔触随意勾勒出一个个性鲜明的韦斯特伍德的形象。

你出生于何时何地？目前你住在哪里？

我1959年出生于巴黎郊区，现在定居巴黎。我也经常去纽约，那里我有工作室。

童年有对你艺术创作影响重大的特殊经历么？

我小时候经常看我父亲业余时间画风景画，他是一名外科医生。我的祖父是位画家（五六十年代兰蔻的创意总监）。我记得我童年接触到的第一个当代艺术是在一本儿童艺术书上看到的费尔南德·莱热（Fernand Léger，法国画家）的作品，后来又接触到一些艺术品，例如圣特罗佩博物馆的印象派作品、圣保罗德旺斯的玛格基金会所拥有的卡尔德手机以及来自各种杂志的各种良莠不齐的动漫作品。

你还记得早期的绘画故事（或经历）么？

当我六岁时，一家人在户外的树下野餐，我用彩色铅笔绘画，绘画主题有时候是雪铁龙2CV，有时候是雷诺4L，我的老师很惊叹我的作品，她拿着这些画在学校里到处展示。

能介绍下你最早的作品么？

那是80年代为一家法国的音乐杂志《摇滚与民谣》绘制的小型黑白漫画。

你最喜欢的绘画工具或方式是什么？

水粉和彩色铅笔。

你工作时喜欢安静的环境，还是有音乐（广播）的环境？

经常是听音乐的：爵士、电子乐、灵歌、摇滚，我喜欢一天中听许多种音乐，这样有助于调整情绪，我最喜欢的广播节目是英国广播电台第1频道的主持人吉尔斯·彼得森（Gillespie Peterson）的节目。

你理想的工作是什么样的？

为那些给我灵感的人工作。

你是"慢功出细活"型还是"速写"型时装画家？

我有时候很快，但这也不绝对，只有在思路很清晰的时候是这样的。

你常用速写本么？

我会时不时画些速写，无论是在旅行中或是从工作室往外眺望，我喜欢为家人或朋友画肖像，来自生活的绘画对我来说是最有趣的事情，只要我有时间，我就会不停地画。

你能描述下你的作品么？

对我而言，这就像问某人对自己笔迹的看法：你能描述下你的书法特点么？或者你是怎么走路的？

你对你要表现的主题有研究么？是如何进行研究的？

如果我对某处或某些人感兴趣，我就会去接触或去体验，会作大量的速写、拍照，然后将这些速写和照片保存起来，留作灵感或参考资料。有时候我也会研究相关的杂志、书籍或网络。

你是如何看待个人创作和商业工作的？

两者没有区别，专业的工作就是个人作品。

你有什么要告诉读者的么？

最重要的是维持灵感激发的状态，保持创作激情，尝试多种表现形式，尊重创作的动机，无论是什么样的动机。

上图

《先生，你有没有想过画爵士专辑的封面？》，美狐品牌（法国）的广告，2011

身着红色狩猎茄克和白色的牛仔裤，优雅的模特表情吃惊地看着画家和他的朋友，他们似乎正在探索更抽象的绘画方法，也许毕加索曾到过拉维庄园？

右图

《我没告诉过你，这条裙子必须配一匹马才行么？》，选自《洛杉矶时报》，2011

高迪瓦（Godiva）小姐身着斜裁缎面晚礼服在客厅里安排了一个相当奇怪的场景。实际上在20世纪30年代，诗人约翰·贝奇曼（Penelope Chetwode，英国桂冠诗人）的妻子佩内洛·普切特伍德（John Betjeman），就经常带着她的马进入房间。

《你应该事先告诉我你会穿"维果罗夫（Viktor & Rolf）"的服装，我买的可是保时捷！》，选自《洛杉矶时报》，2010

画中男人表情很吃惊，他是因为晚礼服塞不进他的汽车，还是因为它夸张的造型呢？

比尔·多诺万

BIL DONOVAN

画稿上自然流畅、随意挥洒的钢笔画或毛笔画，体现了比尔·多诺万（Bill Donovan）出色的技法和自信。他的每一笔都清楚地体现了时装画作为沟通工具所具有的力量——果断、技艺高超和激情。他画中的许多人物都富有灵气，无论他们是模特还是时尚专家。如果说时装画是揭露服装缺点的艺术形式的话，这种说法未免太严肃，应该留点余地，就像欧内斯·廷卡特（Ernestine Carter，时尚评论家）曾经说的那句让人铭记的话：时装画是"服装的语言"。

钢笔或毛笔具有清晰的笔触效果，常常用于时装画的绘制，画家用它们向观众展示着线条背后的手绘技艺。时装画界认为，多诺万是时装画界集大成者的直接继承人，他继承了肯尼思·保罗·布罗克（Kenneth Paul Block）和20世纪的乔·奥伊拉（Joe Eula）作品中独特的美国精神：自由和运动。他的作品里有克莱尔·麦卡德尔（Claire McCardell，美国服装设计师）、侯司顿（Halston，美国奢侈时尚创始人）和卡尔文·克莱因（Calvin Klein，美国服装设计师）这些设计名家们的风格：轻松随意，都市时尚，极简造型，没有过多的修饰，也不受时代的约束。他的作品反映了美国式的时尚态度：风格不能造成不便，易用性和风格一样重要。多诺万很容易就让世界变得时尚起来。他清楚大多数观众并不想看到艰苦的创作和高超的技法，这些会让他的作品下架，他们想要看到的只是：一个伟大的画家在纸上信手画出的一幅画，换句话说，他们想要被这种挥洒自如的创作所征服。

今天的时装画家已经掌握了手绘技巧和前辈留下的丰富经验，并将它们组合成一套简捷、随意的现代绘画风格。当时尚界开始指责现在的高级时装外观不如以前的时候，多诺万审时度势，适时地调整了绘画技法和表达方式。他的作品向高级时装订制的黄金时代致敬，但由于对时装史知之甚少，因此无法尽情挥洒他的想象力。毛笔、铅笔、钢笔、墨水画和水彩画构成了多诺万的作品集，他是个技艺全面的古典主义画家。每个复古潮流的出现总会让一些人重温过去，但对于另一些人来说则是全新的，所以在时装画界，参考过去的风格技法而不是仿造是相当重要的，多诺万就是持这种态度和方式的典范，他一直在继承传统风格和现代主义表现之间寻求平衡。

右页图
《沐浴》，2009
经典希腊姿势站立的模特，白色的水柱衬托出他优美的身材曲线，让画面更具古典美感。模特周围的空间让观众集中了视觉焦点。

你出生于何时何地？目前你住在哪里？

我1956年出生于费城南部，一个爱尔兰人和意大利人聚居的天主教蓝领阶层社区。现在我定居在纽约市区的东村，一个波西米亚人聚居的社区。

童年有对你艺术创作影响重大的特殊经历么？

童年对我有影响的是那些好莱坞经典电影。当时我非常着迷影片中那些美妙的裙子。记得奥黛丽·赫本（Audrey Hepburn）在一部电影《龙凤配》中精彩的造型，她几乎将时尚要素全部集于一身，当时一个充满激情的念头就在我脑海中产生了，我要捕获那奇妙的瞬间，不是用裙子图片或电影剧照，而是在纸上用铅笔或彩色粉笔把他们画出来。

你还记得早期绘画的故事（或经历）么？

玛丽莲·梦露（Marilyn Monroe）在她的经典电影《尼亚加拉》中，身穿一件无肩紧身红裙，金色环箍耳环性感十足，我想画出她那种感觉，就一遍遍用彩色粉笔在纸上努力地画，我父亲杜克·多诺万（Duke Donovan）当时很吃惊，他是一个焊接工，同时也是一个业余拳手，后来，他就试着教我拳击，这让我也很吃惊。

能介绍下你最早的作品么？

那是为一家名叫"赤脚男孩"的同性恋酒吧画广告，当时我白天在时装技术学院读书，晚上就在酒吧里做侍应生，那张广告画我现在还存在速写本里。

你最喜欢的绘画工具或方式是什么？

毛刷、墨水、油尺、石墨、石膏粉，在纸面、木头上或油画布上画。

你工作时喜欢安静的环境，还是有音乐（广播）的环境？

我喜欢ipod音乐夹里的那些不拘一格的另类音乐，从歌星比莉·哈乐黛（Billie Holiday）到菲利普·格拉斯（Philip Glass）的音乐我都会听。

你理想的工作是什么样的？

我喜欢以动感的形式赋予作品以生命力，并具有灵魂、魅力、风格和时装画的感觉。我喜欢线条的表现，一点点变化就能展现出丰富的表情，特别是在时装画中。理想中的工作就是画出这种前人从未表现过的流畅线条和动感，这样的可能性想想都令人激动，尝试也将是永无止境的。

《最佳着装》，电影《物以类聚》，2011

奢侈品大牌的铭牌环绕在模特周围形成一条美丽的"长裙"，模特叉腰的标准姿势，仿佛她正甩开裙摆，步入闪耀的人生"舞台"。

你是"慢功出细活"型还是"速写"型时装画家？

如果画得过快，我会慢下来；如果画得过慢，我会快起来，这完全凭直觉，就像我一直喜欢偶然产生的效果，只要作品在视觉上前后一致就行。

你常用速写本么？

我一直用速写本。从1978年以来，我就一直坚持练习速写，速写本如同作品的心脏和灵魂。

你能描述下你的作品么？

我的作品是用时尚的方式诠释优雅，向精神和灵魂致敬。

你对要表现的主题有研究么？是如何进行研究的？

我绝对会对主题进行完整和深入的研究，近乎疯狂。我拥有美术学位，正规的美术训练让我们很清楚，作出的任何有关作品的决定都会影响到最终的创作内容。在接受任何委托工作之前，我会先进行一段研究，通过阅读或研究网页，会逐渐成为寻找相关题材的高手。我曾为传奇服装设计师伊迪丝·赫德（Edith Head）的书配过图，书名是《服饰医生：从风格A到风格Z的处方》，当时我阅读了有关设计师的每个传记和文章，浏览相关的网站，实地考察和拜访设计师的助手，研究并掌握了这个传奇人物的一切信息。做好创作之前的研究工作很重要，它将为你的作品提供丰富而具体的精彩内容。

你是如何看待个人创作和商业工作的？

我很喜欢美妙的人体结构，虽然我的个人美术创作纯粹是反映个人的体验，但我的专业作品则受制于风格上的一致性和选择性，两者的共同特征就是都需要借助人体来表现。

你有什么要告诉读者的么？

为了获得成功你必须要能承受失败，激情是成功的动力。作为一个有抱负的艺术家，我的激情远超我的画技，当我还在学校学习的时候，就投入大量的激情去学习，常常在速写本上练习、研究、探索和提高我的技法和表现力，现在我还坚持这么做。

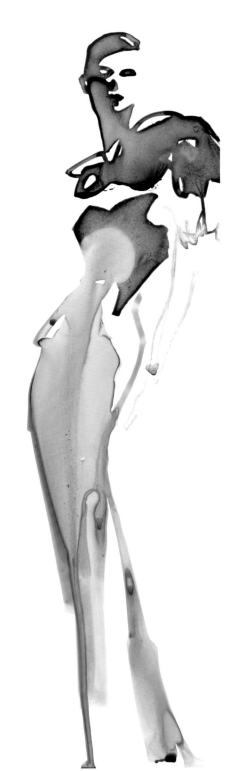

《埃米和红色时尚》，2011

看似简单的几缕色彩的勾勒需要画家绝对的自信和对优雅的理解。画面的视角是仰视，因此整个人体的轮廓被拉长。这个例子说明了视平线和臀围线的角度对于平衡的重要性。

DONOVAN

右图

《映像》，2011

这张画传递着鲜明的假日气氛，摇摆的棕榈叶被简画成带状的背景，黑白色泳装与棕色肤质形成对比，模特的头发整齐地梳向后方，露出优美的面庞。

下图

沙杜·拉尔夫·鲁奇高级订制时装发布会，2011

九件服装悬挂在衣架上，营造出一种壁画的效果。整张画因为完美的色彩平衡而不显得杂乱拥挤。缤纷的色彩、自然的悬垂感和丰富多样的肌理使得每件衣服都是发布会中独具特色的一款。

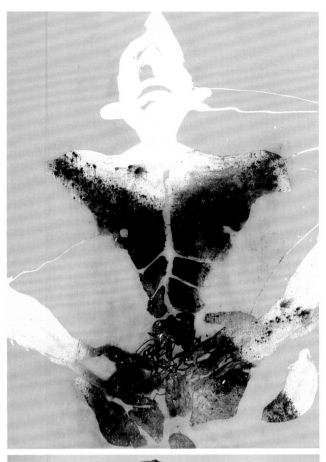

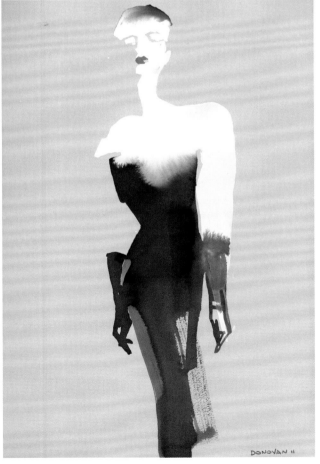

上左图

《19世纪的幽灵》，2007

多诺万摒弃了画中冗余的内容，只为表达出主题中心：形。这种画法给作品带来强大的视觉冲击力。

上图

《世界的十字路口》，2011

一张照片无法表现出时代广场的感觉，但是时装画却能做到：天空是画面中随意留白的部分，画面的重点是密密麻麻、五颜六色的店铺招牌。

左图

《缪斯》，2011

画家捕捉到模特倾向观众的瞬间姿态，这个看似轻松的姿势体现了弧形轮廓的画面张力。

DONOVAN

DONOVAN 10

55

大卫·唐顿
DAVID DOWNTON

20世纪末时装画逐渐成为一种冷门艺术，但90年代后期，几位艺术家又重新将时装画带入精彩的杂志业和广告业，有时甚至将时装画登上了封面。大卫·唐顿（David Downton）就是其中之一，他的作品以崭新的现代方式再现了前辈精湛的手工绘画技法。

作为时装画家，大卫·唐顿具备两个重要的特点：出色的线条控制能力和对美丽女性的热爱。绘制模特时，例如凯瑟琳·德纳夫（Catherine Deneuve，法国影星）或阿曼达·哈莱克（Amanda Harlech，美国影星），他的画笔迅速敏捷地捕获人物特点，画面没有过多的渲染或加工。他非常了解他要表现的主题，他那些半抽象的线条快速地捕获着模特的特征以及她们的服饰。这种舍弃无关的细节，仅仅依赖简单线条的艺术表现，让人联想起埃里克（Eric）或雷内·格劳（René Gruau）的作品，但大卫·唐顿并没有丝毫的模仿。

唐顿绘画中常出现几种不同的材料和工具：朴素的铅笔素描、拼贴画、剪纸作品、水粉和彩色油墨，甚至有最普通的毡尖笔。借助这些工具，画家展示了他神奇的绘画技巧，细致地描绘出栩栩如生的鲜艳的塔夫绸晚礼服或宝石镶嵌水晶吊灯耳环。唐顿懂得如何选择纸张的厚度，如何控制颜色的平衡，甚至知道如何去根据最后效果来排版；他对空间和比例具有敏锐的感觉，对人

体结构具有深刻的理解，对动态物体的形态方向有自己的判断，这些技能赋予了他的作品以独特的力量感。

唐顿作品中体现的艺术性和对事物的观察，侧面反映了他客户的多样性和他对任务的理解。肖像画、广告宣传画、图文编辑和限量版作品他都曾涉足。他的作品有可能被挂在一家精品酒店的墙上，也有可能出现在时尚出版物中。他与顶级时尚圈的接触使他能够与高级订制工作室和超模们一起工作。

在这个数字化图像的时代，到处是浓墨重彩的润色和机械化的复制，令人高兴的是，时装画这种传统工艺仍然有一席之地。唐顿的声誉从悉尼传到了纽约，这证明无论世界变得多么机械化，人们仍然会为拿起铅笔，画一根纯粹的线条这种简单艺术而惊叹。

右页图

《艾琳·奥康纳》，迪奥高级时装，2002

名模配名师。在这张画中，模特艾琳·奥康（Erin O'Connor）为斯蒂芬·琼斯（Stephen Jones）设计的头饰摆姿势，这些头饰是约翰·加利亚诺（John Galliano）为迪奥品牌时装秀而设计的。从可穿着性方面来讲，这纯粹是一种幻想，但它传递了一个令人愉悦的信息，那就是还有一些人，比如艺术家唐顿，能够创造这种美妙的视觉图像。

电影《白日美人》DVD版封面，选自《标准收藏》，2011

电影与时装总是有着千丝万缕的联系。这一点世界上没有任何一个地方能与法国相比。凯瑟琳·德纳芙（Catherine Deneuve）与伊夫·圣洛朗（Yves Saint Laurent）均已退出银幕的舞台，所以时装画家绘制了这个DVD的封面，展示她身着伊夫·圣洛朗高级订制时装最经典的银幕形象。

下图

电影海报《甜蜜的生活》，2008
费里尼（Fellini）在电影中常将服装作为故事叙说的一部份，《甜蜜的生活》中安妮塔·艾伯格（Anita Ekberg）在特莱维喷泉的那场戏中，身着的简洁无吊带黑色上衣，也暗示着整个故事的情节变化。

你出生于何时何地？目前你住在哪里？

我1959年出生于肯特郡，现在我住在距离布莱顿大约10英里的苏塞克斯郡，那里我有工作室。

童年有对你艺术创作影响重大的特殊经历么？

我的家庭根本不关心什么时尚或风格。我家是一个"运动之家"，我的哥哥为英格兰板球队效力。童年对我后来有影响的都来自电影，我就"活"在电影中。我会追英国汉默电影公司的每一部电影，例如幽默系列片"Carry On（让我们继续）"和007电影系列——这些只有60年代出生的人才能接触到的电影。

你还记得早期绘画的故事（或经历）么？

我一直喜欢画画，当我还是个孩子时，我想要的就是一张大白纸。我每个周六都会光顾WHSmith文具店。我常常用HB铅笔临摹报纸上的电影海报，那样我可以画上一整天。我父母甚至担心我是否能融入社会，我记得我当时的回答是：我整个礼拜都呆在学校，能看到我的朋友已经足够了。

能介绍下你最早的作品么？

我最早开始画画时，什么内容都画，会接各种插画任务，边画边学，我认为我还算成功（这里"成功"的意思是我每天或多或少都有点活可以做），但我也曾因为没有方向而感到烦恼和挫败，我曾用一种"自我雇佣"的心理方式进行调节："电话一响就要开心"。我不认为有什么是我做不了的。我曾为一部爱情小说画了很长时间的插图，为教育出版机构画稿，为烹饪书配图，为酒品设计标签，甚至还画过性爱手册（那种级别较高的）！我经常接到时装画的工作，但我不会定位自己是一个时装画家——这种称呼有点太迟了。

你最喜欢的绘画工具或方式是什么？

这取决于创作主题或者创作时的心情，或者我想从结果中得到些什么。画小型作品时，我会用水彩或水粉，如果我需要均匀的色块，我会用裁开的色纸进行拼贴，然后用醋酸透明覆盖片把它们组合起来，再用线条勾画。如果想流畅地捕捉到瞬间的感觉，作品的构图和空间都是重要的因素，但最重要的是细致的刻画。最棒的是你不需要画得很好，尽管如此，如果你无法掌控最后的效果，美好的构思也就永远无法实现了。

你工作时喜欢安静的环境，还是有音乐（广播）的环境？

我出去写生的时候都很安静。其他时候我会听收音机，会锁定英国广播电台的第4频道，听这个频道我学会了很多东西，对很多事情也略知一二了。有时我会听乔的音乐，我的助手已经把它放进我的iPod里了。我喜欢iPod，因为我从来不知道我将会听到什么。它有可能是007电影的主题曲、歌星鲍勃·迪伦（Bob Dylan）或是蒙塞拉·卡巴耶（Montserrat Caballé），常常是一些我从未听过的歌手或乐队，当我受不了时，也会迫不及待地关掉它！

你理想的工作是什么样的？

为电视剧《广告狂人》的演员们画插画，然后在洛杉矶为这些插画做些复制工作。

你是"慢功出细活"型还是"速写"型时装画家？

这两种类型我都是。我的目标是可以控制的自发性，我的许多作品都会采取"细节删除"的做法，我喜欢在画面做"留白"处理，这样可以让眼睛感受到差距。但为了删除一些部分，你得首先把它们加上去，起码你要知道如何来取舍。我会在一张铺开的纸上画几幅画，然后边走边看，选出最好的，继续完善它们，当它们看上去不错的时候，我开始擦除，再根据自己的喜好重新组织画面。我的信条是：坚持画下去，直到它看上去毫不费力。

你常用速写本么？

是的，作为一个画家，不画速写可谓是一个永恒的耻辱。但我的速写本总是用不上，当我发现其他人的速写很有趣时，这简直就是一个讽刺。我唯一一次真正用速写本是在一次秀展时，我坐在那里等待秀展开始时随手画了几张。有时候如果我一个人在酒店吃饭，我会假装画其他就餐的客人，我想这会让我看上去有趣，而不是孤单一个人。

你能描述下你的作品么？

我不愿意去描述它们。我想现在大家都变得对风格很苛求。在我的作品中，你找不到什么风格，最后是风格找到你；是观众发明了某种风格，塑造它并不断加以完善。最坏的情况是画家的作品支配观众的想法和思路。我喜欢《她》杂志的编辑伊恩·R·韦伯（Ian R.Webb）对我作品的评价：现代怀旧风格，这个评价很好地总结了我所有作品的目标和方向。

你对你要表现的主题有研究么？是如何进行研究的？

有时候是必须的，有时候不是。看具体情况。我最近为电影《白日美人》的重新发行画封面，我的研究就是反复看电影，研究伊夫·圣洛朗的档案（剧中伊夫·圣洛朗设计了大量的服装，他的主要任务是塑造凯瑟琳·德纳芙的时髦形象），当然，这些研究都挺有趣的。

你是如何看待个人创作和商业工作的？

商业创作只是我所有创作的部分内容，我会努力调动所有的元素，专注于创作主题以获得最好的效果。商业工作最重要的是客户满意，如果我不喜欢这个作品，我也接受它。这就是商业画家的工作。而我个人的创作，我有更多的自由，我可以不断尝试和修改作品，唯一需要取悦的人是我，这个创作可以持续很长时间。

你有什么要告诉读者的么？

今天艺术世界的深度和宽度都是前所未有，事实上我们一直需要艺术家来记录和描述一个服装设计师的作品，这是一种共生的关系，是用一种艺术形式解读另一种艺术形式。

凯特·布兰切特（Kate Blanchett），澳大利亚版《时尚》50年庆封面，2009

这幅作品是为澳大利亚版《时尚》50周年庆而作，非常珍贵，澳洲女星凯特·布兰切特担任画中的主角。更加珍贵的是，总共有4个封面，均由唐顿创作完成。

迪奥高级订制，2009
画中的留白是画家精湛的技艺、
高超的艺术修养和直觉的集中体现，
是无法传授的传奇技艺。画中鲜明的
帽子线条和宽纹上衣，与简略勾画的
头发、面庞获得奇妙的平衡。

彼得拉·多夫卡娃
PETRA DUFKOVA

彼得拉·多夫卡娃（Petra Dufkova）是一个技艺全面的时装画家。她的创作领域范围广泛，内容题材丰富多样，但是她最出名的风格和作品却不能代表她众多的技法和方式。

她画中精致而浪漫的人物，经常配以花卉和童话梦幻的元素，成功地表现出华丽而美妙的感觉。她那仿佛来自电影《仲夏夜之梦》中的画作吸引了大量的粉丝，他们在自己的博客和网站常常引用她的作品。然而这只是彼得拉·多夫卡娃作品中的一部分，她的时装画并非只有这种风格，还有其他风格，例如她继承了简·派杰斯（Jean Pages，法国插画家）和雷内·布厄·威廉姆斯（René Bouët-Willaumez，法国插画家）的一些创作方法：细致地观察面料和人体，并用自由的线条去表现，这样的创作方法常会在画面中出现由线条形成的块面，这让服装和模特看上去有点抽象。

全面的绘画技艺和丰富的人体结构知识使她在创作中如鱼得水，可以自由发挥并游刃有余。她努力尝试将自己观察到的视觉影像通过时装画媒介展现给观众，她成功地做到了这一点。她作品中的模特展示着服装，肢体语言与造型、动感呼应。但是彼得拉·多夫卡娃的作品并没有任何模仿它的地方，她的作品都是原创的，并忠实地反映了当时的潮流。她对服饰有着自己出色的认识，对服饰下的人体也有着深刻的理解，她的作品有着令人惊叹的张力，却毫无浓重渲染或过度刻画的痕迹，完成的画面上看不到任何超负荷的工作。

彼得拉·多夫卡娃作品中的形体描绘展示了一个成功的时装画家所必需掌握的技能。她可以绘制任何物品，从音符到鸡尾酒礼服或者人物肖像，并且能表现出各种风格、技艺和气氛。她专注于通过画面展示主题的真相，无论对象是一罐奶油还是一位社会名流。

右页图
《无题》，2008
模特身上有像木偶一样的拉线，她侧面朝向观众，服装上的比例被夸大。线条轻重产生变化，从隐约可见到浓重的黑色，防止画面变成纯轮廓形状，表现了人体三维的特质。

你出生于何时何地？目前你住在哪里？

我出生于捷克共和国，现住在德国慕尼黑市。

童年有对你艺术创作影响重大的特殊经历么？

我小时候有很多儿童书和故事书，上面画满了精美的插画，我整天翻看它们。从那时候起，我就尝试为那些神话故事配上自己的插画。对我艺术创作影响最大的还是我在艺术设计学校所受的专业训练。

你还记得早期绘画的故事（或经历）么？

许多童话故事——城堡、森林和很多想象中的动物。

能介绍下你最早的作品么？

最早的作品是为儿童书配插画。

你最喜欢的绘画工具或方式是什么？

我最喜欢的绘画工具是水彩，特别是树脂水彩画颜料。一般创作开始时，我会采用传统的绘画方式，然后混合其他的一些表现手法，例如墨水或喷漆，这样可以创造出新的风格。

你工作时喜欢安静的环境，还是有音乐（广播）的环境？

大部分工作时是听音乐的。

你理想的工作是什么样的？

为《时尚》杂志画插画。

你是"慢功出细活"型还是"速写"型时装画家？

我想我不是很慢的，但是我一直很仔细。

你常用速写本么？

相比速写本，我常带在身边的是"灵感本"，上面不仅有效果草图，还有很多从杂志上剪下的照片、卡片、面料等，所有那些我在搜集中发现的精美资料。

你能描述下你的作品么？

我的插画是传统表现方式和现代结合的女性化图，重点是表现时装、美丽和生活方式。我所有的插画作品都有"时装感"，虽然我不仅仅为时装公司工作。

你对你要表现的主题有研究么？是如何进行研究的？

在我开始创作之前，我会去寻找各种激发灵感的资料：浏览杂志和书籍，聆听极富才华的音乐，带着相机走在街道上拍漂亮的人和物……

你有什么要告诉读者的么？

作为一个自由插画家，我热爱自由和创造，我充满激情并愉快地工作，我想这是通向成功的最佳途径。

左页图
《音乐》，2011
单词"free"像飘扬的彩带缓缓"流"过交叉排列的五线谱，画面充溢着不可名状的"自由"精神。

左图
模特浓重的秋季色妆容和黑发搭配，与富有质感的背景形成强烈的对比，多夫卡娃刻画出化妆品的惊艳效果。

下图
《美妆》，2010
画面中的化妆品散发着浓厚的曼哈顿气息，化妆品整齐排列犹如高楼耸立的纽约天空，即便是细长的金属指甲油瓶盖，也神似克莱斯勒大楼顶的尖塔。

左图

《无题》，2010

色彩平衡让我们可以判断出模特的头发是浅金色的，我们可以感受到长裙的重量和飘逸，甚至可以猜测她的左腿向右迈出了一大步……这张时装画留给观众极大的想象空间，相信每个人的感觉都会不同。

上图

《无题》，2010

看似简单的肖像却拥有神秘的表情，这眼神是微笑还是疑惑？抑或是嘲弄？

右页图

《无题》，斯特拉·麦卡托尼（Stella McCartney）2011年秋/冬时装展，2011

这张精美的时装画刻画出面料上富于质感、雅致、丰富的罗纹肌理。

《无题》，2008
　　画面具有几何的精确度，纵横的线条和富有棱角的发型交接将画面分成若干块面，模特略向左侧的头部与她浓重的眼妆，完美地构成画面的斜向结构线，支撑着整张画面。

上图

《无题》，艺术家艾本·高（Iben Hoj），2011

当她仰望天空时，艾本·高展示了罩衫上那些柔软的褶皱和优雅的弧形领口。

上右图

《星座是"金牛座"》，2008

热烈的红唇，浓重的眼妆，艺妓风格的模特从写意的花卉后悄然出现，犹如时尚版歌剧《仲夏夜之梦》中的女主角泰坦尼娅。

右图

《无题》，2009

尽管色彩晦暗，这张画仍然清晰地展现了层层叠叠的裙子结构和随意缠绕的细腰带，模特浓密的波波式披肩长发和柔软蓬松的裙子造型实现完美的平衡。

加里·费尔南德斯

GARY FERNÁNDEZ

时装画的魅力在于创造一个"一切皆有可能的奇妙世界"。加里·费尔南德斯（Gary Fernández）的作品仿佛将观众带入爱丽丝的梦境王国，这正是费德里科·费里尼（Federico Fellini，著名意大利导演）和奥勃利·比亚兹莱（Aubrey Beardsley，插画家）想要展示的梦幻世界。

他的画中，模特的头发像布料一样垂下来，失重的女孩打着阳伞飘在半空中，彩色古怪的条纹环绕在一个大尺寸的球体上，附着在气泡型模特裙子的周边……这正如路易斯·卡洛尔（Lewis Carroll，英国数学家和逻辑学家）所评价的那样："为什么，有时候我在早餐清醒前真的会相信他作品中的场景。" 费尔南德斯作品表现的这些想象意味着他的每幅画可能来自一个更加宏伟的故事，可能是经典童话故事也可能是古老的寓言传说，他常常通过一组画面来创造这些视觉故事。

费尔南德斯用来塑造梦幻的素材相当夸张，他的画面常常是失重的，这种怪异感让他的作品在时装画界占据了一个特殊位置，但同时他的想象力也能在一些相对平淡的设计中发挥优势，例如商店的内部设计或广告商品设计。在这类创作中，他的想象力披上了世俗的外衣，表现出商业命题的需要。

加里·费尔南德斯这种类型的时装画家们都有一个共同特点，就是他们把一个完全想象的人物转变成现实人形，并画成插画与他人分享。例如插画家理查德·加里（Richard Gray），他用的是完全不同于费尔南德斯的创作方式，在他手里，插画就是一个有效的表达工具，他把几组素材绑在一起，形成一个结构严密的整体，完成对虚拟人物的塑造。加里·费尔南德斯的时尚和风格插画，有自己的情感，它们超越时空，不是时装周那些热门设计的忠实记录，它们的任务就是让人感到惊讶和吸引大量观众。加里的很多作品表现出音乐爵士乐对于费尔南德斯创作的至关重要性，画中的音乐元素好像正响应着他的召唤，体现了更多的生理体验而不仅仅是视觉感受。

费尔南德斯具有国际经验和号召力。他的作品中令人炫目的视觉效果褒贬不一，有些人不能接受，而另一些人则十分欣赏这份时装画大礼包。如果插画大师埃尔特（Erté）在世，也会感谢他的视觉作品，因为费尔南德斯的创造奇异的能力让人们想起埃尔特的作品：无论是他早期的海报作品，还是后来为巴黎赌城音乐厅和芝芝·让梅尔（Zizi Jeanmaire，著名歌手兼舞蹈家）设计的那些美妙的舞台服装和大胆的原创作品。

最后要说的是，费尔南德斯为我们展现了一个他精心描绘的视觉世界，在这个世界中，一切皆有可能。

右页图

《森林-裙子，介绍梦幻女孩，未来风景和最美丽的鸟类》，2008

树木朝里弯曲形成一条衬裙的造型，风将模特的头发吹起成羽翼状，从上而下的水流像瀑布一样滴下。在费尔南德斯的插画世界中，所有这一切都很正常。

上左图

《公园里平常的一天——故地重游》，2010

在一个沉闷的灰蓝色背景上，一个女孩仿佛在裙中藏了一个乐队。

上右图

《一段真正的好时光——故地重游》》，2010

在故地重游系列作品中的另一幅画中，一个女孩对两位绅士视而不见——他们可能来自维罗纳，可能是孪生兄弟，他们手托着倾盆而下的"装饰雨滴"。

你出生于何时何地？目前你住在哪里？

我是1980年11月出生于尼加拉瓜的马那瓜，现在刚从西班牙的马德里搬到美国佐治亚州的亚特兰大市。

童年有对你艺术创作影响重大的特殊经历么？

小时候我就受到父母游牧精神的影响，导致我今天成为一个典型的"游牧人"。"游牧生活"让我的视野非常开阔，对世界也更具洞察力。我想这一点在我的作品中一定有所体现。长大后，我成为了费德里科·费里尼（Federico Fellini）和雅克·塔蒂（Jacques Tati）的忠实粉丝。

你还记得早期绘画的故事（或经历）么？

我的母亲现在还保留了一些我幼儿园时期的画作。我还记得九岁时，曾照着一本艺术书临摹圣母玛利亚，这个作品我现在还保存在盒子里。

能介绍下你最早的作品么？

我11岁时在家乡临摹广告画。那时候我被一家西班牙南部的冲浪公司邀请，为他们设计

T恤图案。后来，我进入了马德里的一家时装杂志设计团队工作，我觉得这是我第一份专业工作。后来作为一个自由插画家，我的第一份工作是参与西班牙一个大型广告业务，大约在2004年。

你最喜欢的绘画工具或方式是什么？

我非常喜欢用最简单的工具，比如铅笔、钢笔和普通的平面画纸，这是我开始创作的基本配置。但是真正能让我觉得开心的是欣赏那些我只能通过数码技术才能获得的最棒的、最精致的作品，它们被印到面料上，制作成巨型海报，或者是栩栩如生的立体作品。

你工作时喜欢安静的环境，还是有音乐（广播）的环境？

我工作的大部分时间会有音乐背景或听收音机。但是后来我也开始享受安静的工作，仅仅聆听窗前的鸟鸣也会很满足。一般情况下，在我工作时，如果不听收音机，我会听爵士乐，我是个爵士迷，我热爱塞隆尼斯·蒙克（Thelonious Monk）、迪兹·吉莱斯皮（Dizzy Gillespie）和约翰·克特兰（John Coltrane）……

你理想的绘画作品是什么样的？

我理想的绘画作品应是这样一种境界：可以引导观众感受到这五种体验：看到它，走进它，听到它，摸到它，甚至闻到或品尝它。

你是"慢功出细活"型还是"速写"型时装画家？

我的作品有两个层次的要求：第一是快速完成，这是基本要求；第二是细节的刻画，这需要较多的时间，也更精确。

你常用速写本么？

是的，我一直在画，常常是一些非常简略的线条，并做一些注释。所以我有好几个速写本，我经常会拿出来琢磨，速写本会带给我一些新的想法。

你能描述下你的作品么？

富有韵律、精心构建、视觉体验、运动精神和冒险精神。

你对要表现的主题有研究么？是如何进行研究的？

是的，我会研究创作主题，研究内容包括在街上散步，和人们交谈，拜访艺术商店，读书或在网上冲浪。

你是如何看待个人创作和商业工作的？

我想它们彼此之间是紧密联系、互相包容的。在许多作品中，我只是将个人的创作融入到客户的要求中。有时候这么做很容易，只要根据客户的要求就可以实现；有的时候，并不那么简单，如果我能在个人创作中发现某种新的方法，我会将其应用到商业工作中。

你有什么要告诉读者的么？

如果你能看到什么东西，那就意味着它的确存在，相信奇迹。

顶图

《金属孔雀羽毛》，卡斯图·巴塞罗那品牌（西班牙），2010

跟随驰骋的想象力，费尔南德斯用自己的色调和构图重新诠释了孔雀羽毛和扇形的尾巴。

上图

《告别》，艾斯卡达品牌（德国），2010

模特浓密卷曲的头发在深褐紫色大披肩和头巾后形成一个金色的背景。

右页图

《云中女孩和松果女孩》，伊万斯品牌（英国），2010

这两幅图看起来像是一场正在游行的狂欢节活动，让我们见识了模特身着那些比高级时装还要夸张的礼服，顶着奇异的盘旋式发型缓缓经过。标志性的水滴似乎比平常要重，似乎有种不祥的预兆。

上图

《滑行》，艾斯卡达品牌（德国），2010

这幅画让人联想到画家达利正穿过工作室，向外扔出物体和水的奇特景象。人物的姿势，宛转的彩色图案，增添了画面的动感。

右图

《电台活动：介绍梦幻女孩、未来风景和最美丽的鸟类》，2008

通过刻画从耳机线抽出的蔓藤花纹和卷须，画家把无形的声音进行了具象化浪漫处理，人物的手和脸是画面的视觉焦点。

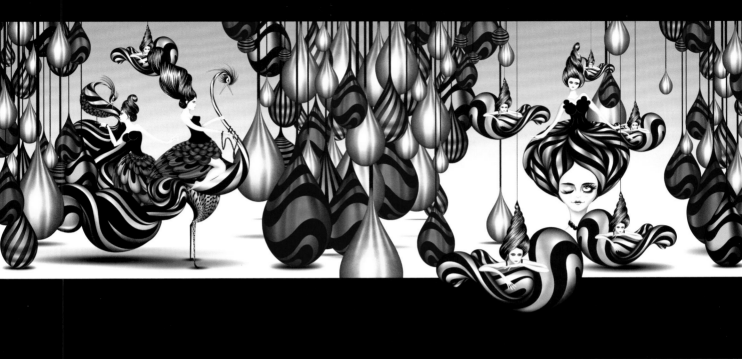

杰夫瑞·富尔维马里

JEFFREY FULVIMARI

正如桑贝（Sempé，讽刺画家）塑造桑贝女孩，欧思伯德·兰卡斯特（Osbert Lancaster，漫画家）塑造莫迪·汉普顿，杰弗里·富尔维马里（Jeffery Fulvimari）也塑造了一个人物形象：大眼睛女孩，她拥有夸张的发型，无论穿什么风格的服装，都是一条大裙子。这个人物形象已经被植入到各种各样的产品设计中，包括服饰和瓷器，也成功地为他与巨星麦当娜的合作搭建了桥梁（麦当娜曾出版《英伦玫瑰》儿童图画书系列）但是，富尔维马里是一个时装画家，所以他的人物很时髦，具有独特的风格并富有魅力，非常吸引观众。

他的作品中总会出现一些标志性的元素，比如给他的"女孩"命名。富尔维马里作品里的主角绝大多数都是这些非常年轻的"女孩"；她们可能很时尚，但他真正想要表现的并不是她们的性感时髦。他笔下的"罗伯塔""爱丽丝"或"维罗妮卡"可能会调情和微笑，但她们身上都散发着一种奇妙的经典魅力。许多时装画家都有一个有趣的共同现象，就是都喜欢塑造一个特别的"视点"，作为他们的作品与众不同的可识别的"符号"。富尔维马里就习惯用一组非常特别的色彩组合，完全体现了他交流的方式和绘画风格——没有任何夸张的内容，只有醒目的女性元素。他的作品是一个没有

男性的女孩世界，女孩们正研究如何更加美丽和富有魅力，这个世界不反映真正的现实生活。

时装画界有个特点，就是一旦某种风格的作品过多，它的艺术魅力就会被大大削弱。虽然如此，富尔维马里仍想尽办法使他的作品保持艺术魅力。他对自己塑造的人物以及他们生存的世界倾注了真实的情感，非凡的想象力和原创人物的塑造，使得他完全不同于那些简单记录时装的人。富尔维马里的时装画远远不是事实的记录与报道，也行他的画最接近19世纪初丽晶酒店女郎的风格和方式，如果用当代的术语描述他的作品就是"重现了1954年音乐剧《男朋友》中的'完美的年轻女郎'"，这也反映了他的作品具有永恒持久的魅力。杰弗里·富尔维马里毫不费力地取悦了他的观众，大众的认可也使得他的表现技法更加精彩。

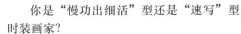

你出生于何时何地？目前你住在哪里？

我来自俄亥俄州的阿克伦，现在住在纽约的伍德斯托克。我大部分时间生活在曼哈顿，并在那里读完大学。虽然生活在都市，但我喜欢大自然，只有山川河流才能让我放松和获得灵感。阿克伦是一个成长的好地方——那里有许多音乐和无穷的创意，很多纽约人都来自那里。

童年有对你艺术创作影响重大的特殊经历么？

真正对我童年影响最大的是漫画家查尔斯·舒尔茨（Charles Shultz），我热爱他漫画中的那种温暖而质朴的感觉。

你还记得早期绘画的故事（或经历）么？

我记得两岁时，我妈妈就教我在色彩本上往线条里填色，那个时代用的还是黑白电视机。

能介绍下你最早的作品么？

那是我被《访问》杂志聘用，去给胡里奥·伊格莱西亚斯（Julio Iglesias）画肖像。

你最喜欢的绘画工具或方式是什么？

在纸上用钢笔画。

你工作时喜欢安静的环境，还是有音乐（广播）的环境？

我都喜欢，有时候音乐听腻了，我就选择安静。

你理想的工作是什么样的？

关于这个我没想过，真的。我喜欢顺其自然，我已经完成了很多创作，这些我都感觉很棒。

你是"慢功出细活"型还是"速写"型时装画家？

很抱歉这个问题很无聊。但我会说这两种我都是。这取决于具体工作时处于什么样的创作状态。

你常用速写本么？

是的，我14岁时就开始用速写本了，有时候会画很长时间。

你能描述下你的作品么？

我最出名的可能是我的时装画。

我觉得它们很像日本画或书法，至少它们看起来不那么费劲。有时候，这些看上去像涂鸦的作品我会花几个小时来完成，有时候画起来却很快。

你对你要表现的主题有研究么？是如何进行研究的？

在没有Google之前，我常去查阅书籍，寻找有关的故事，我会买成捆成捆的旧书来看。现在有了Google，对于我这样的插画家来说，真是有史以来最棒的发明。

你是如何看待个人创作和商业工作的？

它们常常是一致的，是同一件作品。许多我的个人创作都能在商业委托项目中找到合适的位置：有的做背景，有的做印花图案。

《无题》，2010

四个女孩正在展示自己的服装风貌。这种简洁与色调应该归功于纽约的"天鹅女郎"贝贝·佩利（Babe Paley）：盘扣紧身茄克、流线型连身裙两件套搭配同色系手袋、薄型夏装外套和裙装、紧身毛衣与直筒裙。

Paulette had it made in the Shade (even when it rained)

SUPER gorgeous

jasmine was one of a kind.

sometimes i like to just do nothing. try it. it's fun

从左到右、从上到下的顺序：
《无题》，2011，2004，2011，2006
设计大胆的裙子上是花卉、蕾丝、新艺术元素和抽象概念的多重组合，手写体的评论增添了画面的趣味性。

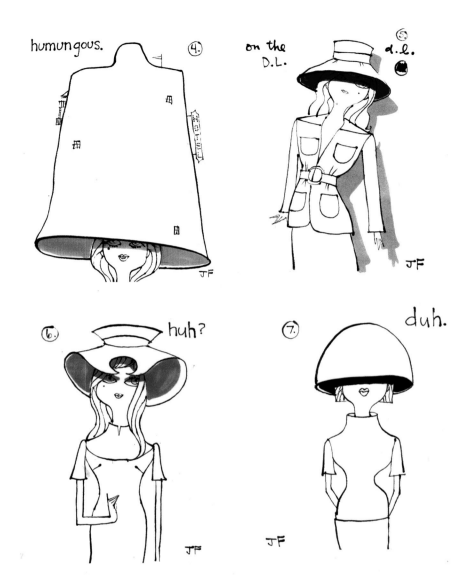

《无题》，2004

作者将画中的模特置于一种随意绘制的背景中，这一背景让人联想起20世纪50年代旅游题材的面料，她那樱花图案的小背心和短裤是21世纪的少女典型装扮。

上图

《无题》，2000

画家以诙谐的表现手法生动地表现出四个女孩被巨大的帽子所"淹没"的神情。

右图

《无题》，2002

画中三个女孩身着迷你裙和皮靴，体现了20世纪50年代设计师皮尔·卡丹（Pierre Cardin）和安德烈·库雷热（André Courrèges）的设计风格。

托比·基德

TOBIE GIDDIO

画家的绘画节奏可以决定作品的氛围：细腻的水彩画和奔放鲜艳的马克笔可以产生对比的视觉效果。托比·基德（Tobie Giddio）在她的时装画中就用这种对比创造出一种"声景控"，这让她的作品具有戏剧般的爆发力和夸张的感染力，可与一场精美绝伦的歌剧相媲美。即便她那些色彩轻柔、线条细腻类型的作品也具有强烈的舞台效果。

基德对廓型的把控为她的画面增添了张力，无论她是为拉夸（Lacroic）还是麦克奎恩（MaQueen）画画，她塑造的女性形象都占据了舞台中心，仿佛他们真的是时尚明星。她的画展示了其高超的颜色驾驭能力，她可以随意地把一种色彩勾画成舞会礼服裙或浓妆艳抹的眉形，这样的画法，如果由那些技术薄弱的画家来画，结果一定是相当怪异的。夸张比例一向是时装画的传统，在基德的笔下，这些夸张变得更加神奇：她只需随手一挥，就可以根据撒开的袖子、展开的裙子或夸张裙撑拉长模特的高度，整个比例看上去非常完美。

她那大胆的创作风格结合现代派的处理技法，与塔亚特（Thayaht，未来派艺术家）作品中的夸张图形线条如出一辙，塔亚特曾在20世纪初的《时尚公报》杂志工作，尤其擅长绘制马德琳·维奥内（Madeleine Vionnet）那些飘逸的斜裁高级时装。

借助于现代艺术而不是继承传统绘画遗产的创作态度形成了托比·基德的个人风格，和其他成功的时装画家一样，她也具有广泛的客户，她的作品用途宽广，这说明作为一个商业艺术家，能具有与客户沟通的能力非常重要。托比·基德通过保留她自己个人的创作方法和绘画风格，继续担负着发扬时装画的视觉语言和开拓插画应用领域的使命。

左图

《一到八VIII》系列组画，2008

好像是用异国风情的鸟羽贴合成这条优雅的裙子，这幅画与欧文·佩恩（Irving Penn）拍摄的巴黎世家的摄影作品有较多的共通之处。

下左图

《一到八VII》系列组画，2008

几抹色彩支撑起这幅直立的人物轮廓，画面强调的是从头部到肘部、连接领子和袖子的梯形线条以及不对称的斜向裙摆。

你出生于何时何地？目前你住在哪里？

我出生于泽西肖尔，于1983年移居纽约，从那以后就没有真正离开过。

童年有对你艺术创作影响重大的特殊经历么？

当我还是个孩子时，我喜欢很女性化的声音，就像芭芭拉·史翠珊（Barbra Streisand）那样。歌唱家和作曲人在任何时候都对我有很大的启发，这就是为什么我的创作方式与歌唱家的演唱方式、乐器演奏方式有共通之处的原因。它们都与力度、精准和清晰有关。我热爱唐娜·莎曼（Donna Summer，美国歌星）和迪斯科音乐，也喜欢"齐柏林飞艇乐队"（Led Zeppelin）和艾尔顿·约翰（Elton John，英国歌星）。我非常喜欢电影《神秘眼》，我认为70年代是电影的黄金时代。

有时候我会躲进临时的地下工作室，在那里听音乐，画上几个小时的画。我会用铅笔刻苦地复制和临摹理查德·艾维登（Richard Avedon，美国摄影家）的照片。我的家族是意大利后裔，所以我们有时候会去佛罗伦萨和罗马，去探访意大利北部的小城市，那是我祖父母呆过的地方。我一直被阿尔卑斯山的壮丽美景所吸引，它是伟大艺术的发源地，许多画家作品中的非凡魅力和丰富内涵就源于它的滋养。

你还记得早期绘画的故事（或经历）么？

小时候我喜欢填色彩本封面上的空格，而不是在规规矩矩的页面里画画。

能介绍下你最早的作品么？

我最早的插画工作是为《纽约时报》的古德曼精品百货店画每周广告，我十几岁时就想做这个工作了。当我还是个孩子时，每次邮箱里收到《时尚》杂志，看到乔治·斯塔罗尼（George Stavrinos，美国时装画家）为古德曼精品百货店做的整版广告插画，都会非常激动。

你最喜欢的绘画工具或方式是什么？

烟灰色墨水、毛刷、潘冬透明薄膜画纸，现在我用电脑做后期，将墨水画扫描进电脑，然后用Illustrator（绘图软件）根据形状进行拼贴组合，或直接剪贴我手机上的那些照片。

你工作时喜欢安静的环境，还是有音乐（广播）的环境？

我都喜欢。当我刚开始画时，或是构思新作品时，我喜欢安静，一旦等我进入状态，我会打开音乐。

你理想的工作是什么样的？

我理想的工作是能与那些我热爱并崇拜的人合作。商业工作为这类合作搭建了平台，对参与的人都有帮助，合作结果也很精彩。

你是"慢功出细活"型还是"速写"型时装画家？

这两种类型我都是，用墨水画起来就会不由自主地快，拼贴较慢，需要一片片拼贴起来，无论过程快慢与否，这些都是感性思考的结果。

你常用速写本么？

我不用速写本，但我经常旅游，而且是自助游。我需要对自己作品保持高度的清醒，知道该做什么和怎么去做。艺术创作的目的性很重要，艾格尼·马丁（Agnes Martin，加拿大/美国画家）曾说过："你必须去思考，你画的就是你想的。"这一点会节约大量的时间。

你能描述下你的作品么？

画时装画对我来说是一个不断提高的探索，外在美要体现出内在美的内涵和表情。时装画是形态、色彩和造型的语言，最终描绘出的是"我们到底是谁"的主题。我笔下的人物都是"女神"，她们启迪着我，这也是我画画的目的：无论有意识还是无意识，都要能触及或打动人们的内心世界。

你对要表现的主题有研究么？是如何进行研究的？

我一般不做任何正规的研究，通常我跟着感觉走，并让这些感觉通过我特别的表现方式表达出来。对我而言，经常看那些激发灵感和美丽的东西很重要，我有自己的"偶像"，比如某些英雄、设计师、音乐家、画家或明星，他们提醒我应该做什么，这样我可以更容易地实现目标，但我画画时从不看什么东西。我之所以这么做，是因为我研究解剖学并且画画已经很多年了，女性人体和服装结构现在就像语言一样在我脑海里根深蒂固。

你是如何看待个人创作和商业工作的？

我过去一直专注于个人创作，那时候，对我而言，个人创作与商业工作其实没有多大区别。当我接受商业委托工作时，我才不得不把它们分开，我会等待和观察哪些内容是我画得最好、最清楚的，而不急于去做出判断。在我看来，个人创作没有合作是不完整的，绘画需要交流，画作需要能提供某个水准的服务，这就是为什么我认为自己是一个不错的艺术家，兼有插画家功能的原因。

你有什么要告诉读者的么？

因为我对绘画形式的美的不懈追求，才创作出今天我们看到和欣赏的这些作品。艺术可以改善人类生存环境或者提升某个商业品牌，它具有非凡的激励作用。现代社会画插画是一项特别的追求，不适合胆小的人，我已经画了多年，诚实地说我已经获得一些引以为豪的成就，当然也有失望和挫折，当你的人生结束时，只有你的作品是最后的遗言。

下图
《艺妓》，2007
一位女士的身影恍若蝴蝶般美丽优雅，她身着花卉式和服，梳着歌舞伎或艺妓的发型。画面具有自然而流畅的动感，模特仿佛正置身于日式花园之中。

《蒂芙尼蓝调IV》，2007
　　如同一朵盛开的菊花或是大丽花，模特身着礼服裙，雍容华丽，正准备走上舞台。在这张写意奔放的插画中，观众仿佛能听到模特行走时塔夫绸的沙沙声，渐变色的裙片层层绽放，犹如绚丽的彩色台阶。

上图

麦克奎恩的彩虹作品，2010

丁香粉红色的裙片一片片打开，如同扇叶一般。麦克奎恩的这条裙子不仅可以出现在凡尔赛宫里，也能出现在红地毯上，它一定会成为众人瞩目的焦点。

下图

《夏奈尔》，（意大利）杂志上的夏奈尔高级服装，2003

这个汽笛般的人形近乎抽象，而右边的头部却被精心描绘，模特头发上的"工艺品"和精致的妆容，与埃夫登（Avedon）高级时装照片有着相同的特质。

理查德·加里

RICHARD GRAY

理查德·加里（Richard Gray）的作品风格是现代派，但是具有某些插画鼻祖的痕迹，例如阿拉斯泰尔（Alastair，又名弗格特男爵，德国艺术家）、恩斯特·德莱顿（Ernst Dryden）甚至如埃尔特（Erté）。他的插画中常常具有某些色情的元素，这在他最近的伦敦男装插画系列作品中尤为明显，画面以同等分量捕捉了人物对象色情与花花公子的特质。

加里的题材和灵感反映了他对伦敦风格的兴趣，伦敦风格是他自从十几岁时就开始追随的风格。他尤其关注那些制造"创造性破坏"的人物，例如马尔科姆·麦克拉伦（Malcolm McLaren，英国朋克摇滚时代的开创人）、迈克（Michael）和歌林德夫妇（Gerlinde Costiff，英国时尚先锋）。在他的创作生涯中，他表现出惊人的多方面才能。加里的作品中有大量细致的刻画，即使是简单的铅笔素描，也表现出他对每一笔都精益求精，追求尽可能完美的态度。他在使用他擅长的铅笔、喷枪和水粉时，有着一种类似微图画家的创作方式。

在某种意义上，加里已经步入了时装界的最高殿堂，他曾为纪梵希（Givenchy）和亚历山大·麦克奎恩（Alexander McQueen）绘制时装画，为维维安·韦斯特伍德（Vivienne Westwodd）设计和绘制广告，与安娜·皮亚姬（Anna Piaggi）在许多时装项目上亲密合作。2006年，维多利亚和阿伯特博物馆（英国）举办了一场独特的展览，用以表彰皮亚姬的杰出贡献，这是加里与皮亚姬首次合作后的第17年，他们有机

会又再次共事，这次合作让加里确信，皮亚姬和皮亚姬的已故伴侣韦恩·兰伯特（Vern Lambert，伟大的复古时装收藏家）是他职业生涯的关键人物。从另一个角度来看，加里一直是一个非常勤奋的艺术家，他积极参与各种各样的商业创作，同时还在伦敦威斯敏斯特大学担任教学任务。

除了为档案馆录制时装秀，加里还和许多设计师合作了很多项目，如英国设计师布迪卡（Boudicca）。此外，他还为约翰尼·德普（Johnny Depp）主演的电影《来自地狱》绘制服装，这部电影与他自己性感而哥特式的审美倾向相吻合。这一风格在他为"大内密探"（英国内衣品牌）创作作品时也有所体现。加里认为电影《神秘眼》和《银翼杀手》是自己创作的灵感来源，电影的风格与他古怪魅惑的作品感觉完全一致，这是他的画面常常有戏剧性的爆发力的主要原因。加里在作品中创造自己的虚幻世界，他的梦想就是用作品捕获观众的想象。

右页图

《罗伊》，2010

加里让我们注意到模特斜视的表情。这是藐视的眼神，还是怀疑的眼神呢？画家选用亮黄色和深靛蓝色来绘制主角身上那款经典的棒球茄克，暗示着主角可能是一个花花公子，也许此刻他正在评估我们。

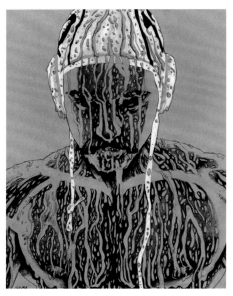

你出生于何时何地？目前你住在哪里？

我1966年出生于诺福克的诺维奇，现居住于伦敦。

早期有对你艺术创作影响重大的特殊经历么？

在我的成长过程中，曾有许多灵感，但早期对我有影响的，时装界有维维安·韦斯特伍德（Vivienne Westwodd）1980年举办的个人发布会，1984年皇家帽饰系列上的人形猫造型；电影有《神秘眼》和《银翼杀手》；作家有安吉拉·卡特（Angela Carter）、托马斯·哈代（Thomas Hardy）、菲利普·K·迪克（Philip K.Dick）；好友和合作者有维维安·韦斯特伍德、安娜·皮亚姬、韦恩·兰伯特、迈克和歌林德夫妇、佩皮塔·蒙特（Pepita de Foote）；音乐人有凯特·布什（Kate Bush），他们真正影响到了我早期的成长和创作。

你还记得早期绘画的故事（或经历）么？

我不记得有什么特别的经历，但我小时候一有空就会画画，因为画画一直让我很愉悦。

能介绍下你最早的作品么？

我最早的专业插画是为安娜·皮亚姬在《时尚意大利》杂志上的两页专栏画插画。那时我还是密德萨斯大学一年级学生，有一次我参加了一场纪念安东尼奥·洛佩斯（Antonio Lopez）的插画大赛并且入围，比赛中她发现了我的作品，并表示真的喜欢我的风格，然后我被邀请带上习作去米兰和她面谈，我首次为《时尚意大利》和《名利场》的插画工作就始于此。

你最喜欢的绘画工具或方式是什么？

铅笔、喷枪和水粉颜料。

你工作时喜欢安静的环境，还是有音乐（广播）的环境？

我工作时一直喜欢听音乐，它有助于我进入创作状态，并能屏蔽掉外界的干扰，让我集中精力。

你理想的工作是什么样的？

那些真正能体现想象力的工作。

你是"慢功出细活"型还是"速写"型时装画家？

我画过很多种类型的作品，绘画的速度取决于我想获得什么样的效果和质量。我的作品通常都需要画很久。

你常用速写本么？

我不用速写本，但我做大量的速写练习。我收藏许多有关视觉研究方面的绘本，上面有很多供未来创作参考用的概念草图。

你能描述下你的作品么？

我画的女性，大多都有叙事性、细腻、风格化，当然不是所有都这样，画中常常伴有动物、花卉和机器；男性的插画则更加直接，更多是风格化的肖像，富有力量感。

你对要表现的主题有研究么？是如何进行研究的？

我一直研究我要表现的主题：看书、看电影、阅读艺术史、研究艺术象征主义、听音乐、查阅任何能引起我兴趣、激发灵感的参考资料。

你是如何看待个人创作和商业工作的？

这两者是互相影响的，我的作品相当个性化，即使风格变化很大，但总的感觉都是一致的。

左图

《佩特拉》，2007

高超的技巧绘出了人字呢和针织衫的细腻，夸张的线条让画面摩登感十足，模特表情恼怒，略带戏谑，手持带有尖锐锋利"魔爪"的捕蝇草。

下图

《炫耀》杂志封面，2004年57期

如同电影《霍夫曼的故事》中的玩偶，模特是个假想人物，她的主人就是画家本人。画家用人类的特征来平衡机械手臂和人偶，模特在花形装饰的棚架中展示时装。

左页图

《爱》，2008

这幅画的特点是硬朗的运动头盔与精美的玫瑰纹身搭配并形成对比，体现模特的阳刚之气。加里将模特的瞬间表情定格下来，重现了都铎王朝和伊丽莎白时代的雄性之风。

理查德·海恩斯

RICHARD HAINES

理查德·海恩斯（Richard Haines）用街头风格的插画来记录他眼中的都市时尚男性。这种在街道上观察行人，并用速写的方式来记录的插画形式，已经留存很久了。现代的时装界，时装博客们常用这类街头人物插画作为它们的代言，有些摄影艺术家如斯科特·舒曼（Scott Schuman）也开始关注街头服饰，并把这些街头记录发展成为一门独特的影像艺术。

在海恩斯的画中，快速的线条和人物的表现很有趣味性，他用最快的速度勾画，用精心构建的线条表现人物的每个特征，这是借鉴了画家霍尔拜因（Holbein）、华托（Watteau）和安格尔（Ingres）在肖像画中应用的技法。海恩斯的"速写"画从整体的角度展示了服装的结构、面料质感、人体语言以及穿着者的神态，他的画面主角的选择非常随意，可能是都市里的花花公子，也可能是简单装束的型男。海恩斯用"快门式"手法记录下他们，用一根根线条和轮廓将他们的身影永远地保存下来，这些作品具有明显的传统手工绘画特征，同时也具有强烈的时代潮流感。他的人物形象都贴近生活，好像我们走在人行道或在表演后台时，没准就能碰到他们。海恩斯的人物让人联想起画家弗朗西斯·马歇尔（Francis Marshall）的速写画，他们的作品都具有超越时空的特点，是插画家捡起他的铅笔，抬头看到的第

一眼瞬间生活场景的忠实记录。

总之，理查德·海恩斯展示了时装画的绝对力量，他可以在简短的几分钟内在白纸上画满捕捉到的人物瞬间动态，这不是雕虫小技，也不是哗众取宠，对他来说真实的事物是如此精彩，世俗自有现实的美感，如果没有过硬的画工、速度和对创作的热爱，这样的作品几乎是不可能产生的。海恩斯作为一个传统的时装画家，他是生活的观察者和记录者，但最重要的是他首先是个艺术家，只是碰巧记录人物和服饰而已。

右页图
《涂着指甲油的乔希》，2010
休闲大衣搭配经典的衬衫和裤子，模特若无其事地将手放在翠绿色导演椅的后方，他似乎是一个正在休息放松的都市男子。仔细观察，你会发现模特那涂抹红宝石指甲油的手指，这让我们想起那句谚语："细节决定成败"。

你出生于何时何地？目前你住在哪里？

我1951年10月21日出生于巴拿马城。我父亲是一位海军军官，所以我们经常搬家。从1975年开始定居于纽约（曼哈顿），两年前搬到布鲁克林，这次搬家是我在纽约生活中最棒的一次变化。

童年有对你艺术创作影响重大的特殊经历么？

在我成长过程中经常搬家，这对我影响非常大，它让我知道还有一个比我生活的地方更大、更有趣的世界。13岁时，我们搬到了冰岛，我记得我第一天在学校里的情况：所有冰岛的学生穿的都像模特（我当时刚从非常保守的费城郊区搬过来），我觉得我来到了天堂，我的时尚梦想就要实现了。

你还记得早期绘画的故事（或经历）么？

我记不大清楚了，我只记得大约5岁时，所有其他的孩子都在练习簿上画二战的飞机和坦克，而我却在画晚礼服，所以我知道，有些事情一定会发生的。

能介绍下你最早的作品么？

我15岁时获得一份为一家时装店绘制广告的工作，这家商店地处弗吉尼亚州的亚历山大港（华盛顿特区附近），广告登在《华盛顿人》杂志的背面，所以当时我相当兴奋。我很享受那次创作的整个过程，在那么漂亮的商店里，周围都是各色的时装和时尚达人。

你最喜欢的绘画工具或方式是什么？

我经常采用不同的工具和方式作画，也会在作品深入的过程中变换工具。现在我挺喜欢用那种便宜的炭铅笔，当画纸上的纤维起毛、纸面起皱的时候，炭铅笔可以让画面重新恢复平整的良好状态。我最近买了一罐印度墨水和一些旧的羽毛管钢笔，这下可以好好尝试新工具了。我发现当我换绘画工具时，作品中的线条和结构会发生很大的变化，这让我很兴奋，很有挑战性。

你工作时喜欢安静的环境，还是有音乐（广播）的环境？

这取决于我工作时的情绪状态。我最近买了一副柠檬绿色的松下耳机，于是我又回到了边画边听的快乐时光，我喜欢"活在当下"的感觉，当我听着音乐画着画时，脑海里什么也没想，一切都自然而然地发生和变化着……

左图
《东第九街上的摩登家伙》，2010
为了突出这件束腰式中性短风衣的轮廓，画家让模特穿上一条黑色紧身牛仔裤和尖头皮鞋来搭配，还在旁边画出腿与脚部的细节图。

下图
《B. East乐队在碰头》，2009
画面中的这群人，背对着观众，留着长发，穿尖头皮鞋，挎超长带单肩包的人物是画面的主角，其他的人物都是为了进一步凸显插画中姿势的重要性。

你理想的工作是什么样的?

有很多方案我都感兴趣,所以这是一个模棱两可的问题,难以回答。我喜欢商店有个签约插画家的设想,那肯定令人激动。如果有人预付我报酬,让我花上一年时间去旅行,去画街头的人物服饰,然后出版成书,我肯定不会拒绝。

你是"慢功出细活"型还是"速写"型时装画家?

问的好,我想我很了解自己的速度,所以我得说我是一个"速写"型的画家。我喜欢快速绘画——捕捉那一刹那,我很崇拜那些画的慢而仔细的人——我嫉妒那样的绘画过程。但不能说我没有在刻画人物、动态和服饰上下功夫,事实上,我的确下了不少力气,我只是想让它们快速地表现在纸上。

你常用速写本么?

我通常会收藏各种不同的书刊,许多作品都是11×14英寸的草图,所以我书桌上常常有几本这个尺寸大小的速写本。因为我喜欢画街头人物,或光顾他们出没的场所(地铁、酒吧等)去画,所以我常随身携带两本大小不同的小型速写本,我不是那种很有条理的人,有时候我会忘记带,结果就是我只能画在餐巾纸或信封的背面,但这似乎对我的创作还有好处,真挺酷的!

你能描述下你的作品么?

我想我的作品在纸上表现的是"一刹那"的状态——这是有关姿势、速度和瞬时的创作活动。我认为时装画家能做的就是用一些线条和形状讲述一个故事,让观众根据自己的理解来听这个故事。我喜欢这个过程,我一直告诉学生去编辑他们的作品,留下幻想的空间让观众来参与。我第一次是在《纽约时报》上看到时装画的,那时,这种寥寥几笔就能传达如此多信息的艺术形式就深深吸引我,直到现在,我还沉迷于这种绘画方式,并一直探求用不同的技法去创作和表现。

你对你要表现的主题有研究么?是如何进行研究的?

我喜欢捕捉火车上或街道上行人的形象,记录下那一刻他们的神态,所以这基本上不需要什么研究。但我确实感觉我需要"画出他们的思想",让他们的神情看上去更合理。当我画肖像

画或人物系列画时,就会在他们身上花更多的时间,研究他们的面部表情,他们的躯干和支配身体的方式,这都是通过交谈来获得认知,所以我的理解是具体情况具体对待。

你是如何看待个人创作和商业工作的?

它们彼此是相互联系的,如果你常看我的博客,我猜你也会变得很专业。很难界定哪些是个人创作,哪些是商业工作。我只知道当我画商业作品时,我会认真听取客户意见,确保我们理解一致。在创作中,忠于自己的同时也兼顾他们的需要。

你有什么要告诉读者的么?

许多人联系我,问我很多问题,比如插画,市场,该做什么,怎么去做等。

我只能说实践和磨练是绘画的捷径。我几乎每天都画,我认为献身精神和不懈努力是提高技艺最需要的品质。

巴黎世家(法国)高级服装的侧视图,2011

宫廷式长袍裙穿在人模上,放置在蓝色颜料涂抹的背景前。画家从侧面描绘,更清楚地展示了后背的复杂细节。

你出生于何时何地？目前你住在哪里？

我1967年出生于黎巴嫩的贝鲁特，目前住在美国佛蒙特州。

童年有对你艺术创作影响重大的特殊经历么？

作为一个四海为家的贝鲁特人，我十几岁的时候就移居德克萨斯州，很快我就融入了当地的新文化并意识到服饰的重要性。那时我就开始钻研时装，从我母亲的朋友那里获得的当时超大开本的《专访》杂志和《妇女时装时报》，进了大学后，我继续研究时装，然后我发现我很喜欢将自己的设计画成插画。

你还记得早期绘画的故事（或经历）么？

为小学画地图——大约是三年级的事情，可能还要早一点。

能介绍下你最早的作品么？

最早是在纽约，受"罗密欧"精品店委托，为他们画橱窗插画。

你最喜欢的绘画工具或方式是什么？

水彩和墨水，在纸上画。

你工作时喜欢安静的环境，还是有音乐（广播）的环境？

一般开始画的时候，我可能会听一些轻柔的音乐，不会听太精彩或分散注意力的音乐，等到想法成熟了，我会放大音量，让音乐成为我创作的一部分动力。如果创作内容复杂精细，绘制进展缓慢，我可能会放一些播客或视频来看。

你理想的工作是什么样的？

很幸运，我已经有机会与那些具有非凡才华的人合作，这些有趣的经历鼓励着我，也让我的创作变得很有意思。

你是"慢功出细活"型还是"速写"型时装画家？

这要看创作的内容——我可能说有点慢，但是我找不到什么来进行比较，因为我一直是一个人工作的。我会在创作构思上花上几天时间，然后绘画前形成清晰的思路。

你常用速写本么？

是的，我常用速写本。

你能描述下你的作品么？

我不会描述我的作品。

你对你要表现的主题有研究么？是如何进行研究的？

少胜于多，太多的信息会淹没创作的过程，造成干扰。根据主题需要，客户有时会提供他们的设计（这些是专业信息），或者要求我给他们设计。

你是如何看待个人创作和商业工作的？

我个人作品中有各种各样的人体画，有些与商业工作完全无关，你甚至看不出它们都是我画的，另一些则的确是我商业创作的资料。

下图

来自"萨克斯第五大道精品百货店系列"变体，2005

手袋看上去似乎正要从纤纤玉指间滑落，轻盈的羽毛状小叶子似乎在朦胧的背景上微微抖动。

左图

《索迪尼珠宝》（意大利），
《D杂志》/意大利共和国报，2010

正如艳阳高照时，人们只能看到
光芒中的少许细节，这张作品让我们
清楚地看到手镯，而颈部的胸花和发
髻上的发簪只能靠自己的想像了。

下图

麦丝玛拉品牌（意大利）的
眼镜，《D杂志》/意大利共和国
报，2010

模特蓬松的头发与夸张的太阳
镜、深色口红形成视觉上的平衡。一
缕发丝从头部垂下，打破了画面的整
体平衡，也增添了一些动感。

右页图

《无题》，2009

画中人是颓废的情妇还是红地毯上
的女星呢？这幅画展示了时装画营造出
的奇幻效果。在水渍般的模糊背景前，
剪影中的模特似乎正望向远方的水平
线，几串珍珠项链随意地缠绕在她的颈
部和肩膀上。

霍尔迪·拉万达
JORDI LABANDA

观察社会习俗，捕捉服装的特点，把所谓的流行元素放在显微镜下剖析其真相，这些我们渴望看到的深刻的社会观察，时装画家们用笔下的作品实现了。霍尔迪·拉万达（Jordi Labanda）就是其中之一，他热衷于时装绘画，就如同昆虫学家热爱收集那些标本一样，他勇敢地追随维多利亚时代的乔治·克鲁克香克（George Cruickshand，英国画家）、20世纪初的萨姆（Sem）、当代时装画艺术家格拉迪斯·帕瑞特·帕默尔（Gladys Perint Palmer，美国时装画大师）和让·菲利普·德罗莫（Jean-Philippe Delhomme）的脚步进行自己的艺术创作。

拉万达的时装画完全是瞬间的神态捕捉，画中有许多人们熟知的"大人物"，他似乎皱着眉头看着他笔下的对象："我了解他们"，他似乎又在说："但我不会被他们蒙骗"。拉万达具有丰富的社会经验，深知时装必需品的重要性，他根据这些知识刻画着每个细节，充满激情地渲染和描绘。无论题材是两条狗还是一只葡萄酒杯，拉万达都能赋予其完美的艺术感受，他的人物干净整洁，衣着得体，体现了一个精致优雅的时装世界，这个世界里没有什么是偶然的，一切都是精心设计的结果。

拉万达作品中一般都有女主角或男主角。和其他杰出的时装画家一样，他创造的视觉世界隐藏在画面之后，人物形态暗示着复杂的背景故事。拉万达的色彩和流行联系密切，他在平衡用色和色调处理上采用的也是现代绘画技法，他最擅长的是对一种颜色不同色调的调配，例如柑橘黄色或浅咖啡色，当加入黑色和白色后，可以让画面色彩更加有层次，这些都是他精心调配的。拉万达的这种处理技法让他能有机会进军其他商业领域，例如广告业的插画，他这种高水平的后期处理类似于彩色丝印法，这是一种多层模版印刷工艺，作品是由清晰的线条和丰富的色彩组合印制而成，杂志《时尚公报》上曾有过报道。

拉万达的很大优势之一是，他无须借助卡通式的夸张手段，就可以让画面充满幽默和机智，它们能使观众微笑——这是时装画最难实现的；与此同时，他的作品还具有流行和时尚感，只有真正理解和热爱时装的人才能轻松地创作出这样的杰作。

右页图
艺术系，插画专业，2011
画中一身黑衣的模特站立在爆发的火山前，她的眼睛隐藏在深色的太阳镜之后，她的背后，烈焰般绚丽的色彩仿佛要爆炸似的，翻涌的热焰瞬间占满大半张画面。

你出生于何时何地？目前你住在哪里？

我1968年出生于乌拉圭的梅赛德斯，三岁开始住在巴塞罗拉，现在住在纽约。

童年有对你艺术创作影响重大的特殊经历么？

从乌拉圭到巴塞罗拉那段时间，我母亲一直订阅《时尚》杂志，这对我影响很大。我还记得70年代初色彩缤纷的时尚世界与灰暗沉闷的现实生活形成鲜明的对比，那时是西班牙佛朗哥时代后期，电视还是很重要的，像汉纳·巴伯拉动画、经典电影周和迪斯尼电影这些你只能在电影院里才能看到。

你还记得早期绘画的故事（或经历）么？

童年有幅画给我留下深刻印象：一群骑马的猎人正跳过一条河流追逐一只猎狐。

能介绍下你最早的作品么？

那是为《先锋报》的文学增刊画插画，《先锋报》是巴塞罗拉最重要的报纸，当时画的是保罗·奥斯特（Paul Auster，美国著名作家）和希莉·哈斯特维特（Siri Hustved，美国著名作家）的婚礼。我现在还和他们合作。

你最喜欢的绘画工具或方式是什么？

从一种工具或方式换到另一种，我感觉挺不错的，完全随心所欲，从报刊短文到商业广告或创意设计都可以很灵活地操作。

你工作时喜欢安静的环境，还是有音乐（广播）的环境？

如果你工作也像我那样一做就是好几个小时，你也会干点别的什么，比如听听花园里的啾啾鸟鸣声或者就是听纯粹的音乐。我会听我iTunes和电脑里收藏的音乐，我从不听收音机，因为它让我不能集中注意力，我不喜欢收音机。

你理想的工作是什么样的？

自由创作比什么都有价值，如果是我喜欢的创作，我会废寝忘食，因为很享受工作的过程。

你是"慢功出细活"型还是"速写"型时装画家？

我是个相当快的画家，也非常重视细节，我想这两个特质组合起来很好。绘画对我来说非常重要，纸上的铅笔稿必须十分完美，否则我不会上色，尽管水粉颜料会盖住铅笔稿。

你常用速写本么？

我从没用过速写本，我常在练习簿上画速写，有些速写我还留着，其余都扔掉了。

你能描述下你的作品么？

美丽优雅、略有讽刺、超越时空、一丝不苟。

你对你要表现的主题有研究么？是如何进行研究的？

我喜欢查阅书籍，当然现在的网络已经让很多事情变得很必要，时代发展的太快了，真吓人。

你是如何看待个人创作和商业工作的？

我把个人创作和商业工作分的很清楚，有些个人创作没人会信那也是我画的，我希望个人创作不要与商业工作混淆。

左图

《四月春会》，巴塞罗拉组
委会海报，2007

模特和背景上平涂的色彩
与玫瑰花、扇子和头发上的色
彩层次形成了对比，栩栩如生地
再现了一位略带复古风格的女士
形象。

下图

柑曼怡酒品（法国名酒）
电视广告，2009

这幅画具有雷内·格劳
（René Gruau）的绘画风格，
这让画面充满吸引力。画家将人
物的大部分躯体隐去，只留下两
条修长的美腿和细点网眼花边裙
的荷叶边，两只手臂相连，形成
画面的斜向结构线，画面的表现
重点——玻璃杯盛满浓郁的黑红
色葡萄酒。

右图

古驰（Cucci，意大利品牌），
意大利晚间邮报，2005

时装画大师采用的手法总是让人
琢磨不透，出人意料。大红色的背景
映衬着旋转的雪花，增强了身着白色
大衣模特的视觉效果。

《时尚日本》，2010

皮草饰边的透明外套、A型宽摆裙、收腰茄克和大块面花卉图案裙装，这张画展示了三种截然不同的时装风格，并用包袋把模特们组成系列，放在人群的正前方，这样复杂的时装画需要画家具备更高超的技术来平衡所有元素。

右图

《时尚日本》，2011

画家画出了卡尔·拉格菲尔德（Karl Lagerfeld）从靴子到手套的每个细节：经典的黑白搭配、马尾辫、超高的礼服领等等，卡尔的服饰特点没有任何遗漏。在这张想象的时装画中，他正和三个拎着包的模特一起穿过马路。

唐雅·凌
TANYA LING

想象时装界就是一直生活在时装秀里，每天的生活就像T台，整个世界都跟随风格变幻。这将有助您观看和理解唐雅·凌（Tanya Ling）的作品。她最明显的风格特点是她的作品可能有点间接和隐约的嘲讽，但对时装界始终是持温和的态度。她笔下的女郎或身着夏奈尔就餐，或身着郎万购物，或身着巴黎世家遛狗；她们穿的那些皮草或雪纺折射着时装的不同潮流；她们炫耀最新最潮的"必备品"；可能是一条印花紧身裤或一个翘尾的发型；她们永远钟爱某类颜色，例如黑色和灰色，并用红色作为彰显个性的标记色；她们疯狂地热爱时装并熟知流行信息，完全了解哪些是热门的，哪些是已过时的，时尚敏感到每一根修剪精致的指甲油。

凌的作品自然而流畅，有一种毫不在乎的从容气质，这与她笔下那些紧张的时尚奴隶形象塑造是完全对立的，彼此之间存在强烈的冲突。她的画笔划过画面所带来的动画感，与时装界必须紧跟潮流的风气也是截然相反的。她的画不是肉毒杆菌下的苍白面孔和"时尚爆料"（"肤浅"的时尚世界惯用的"噱头"手法），她的画中是一些热情活泼和热衷社交的女性，她们忙碌着，并有自己丰富生动的表情和具体生活。对于每个委托她画时装画的服装设计师，凌都可以用笔下的富有个性的模特来展现他们的设计风格。她那夸张的手法和

对时装世界的实事求是的描绘，模仿了乔·欧拉（Joe Eula，美国插画家）的部分作品，她们持有相似的艺术观点。

凌的作品中有个明显的特征，就是她对发型的渲染和描绘。她尤其偏爱刻画模特的发型，在她的作品中，多数都有大胆创意的发型设计。她这种对华丽壮观的发型塑造的偏爱给她的每幅画带来特别的视觉效果。最后要说的是，凌的时装画不是服装和面料单纯的写实和记录，而是对具体的时装世界的成熟评判，它们将告诉一百年后的人们，今天的时尚女性到底都穿了些什么。

右页图

《无题》，纳斯（美国专业彩妆品牌），2009

在经典的时装肖像画中，少即是多。这幅作品作者用了不到20根线条绘制出时装模特那酷酷的冷漠眼神。

你出生于何时何地？目前你住在哪里？

我出生于印度的加尔各答，现住在伦敦。

童年有对你艺术创作影响重大的特殊经历么？

蒙娜丽莎和巴黎！我的父亲和祖母带我去卢浮宫，告诉我将要看到世界上最重要和最美的巨作，我当时坐在我父亲的肩膀上，这样我可以越过人群看到那些巨作，真不该相信我看到的！

你还记得早期绘画的故事（或经历）么？

我还记得我早期画那些溜冰的人，用明亮的粉红色和蓝色一点点地画。

能介绍下你最早的作品么？

我最早的作品是为1997年7月刊的英文版《时尚》杂志配图，当时的内容是一页萨曼塔·默里·格林威（Samantha Murray，时尚评论家）执笔写的关于吕西安（Lucien Pellat-Finet，法国品牌）的报道。这是在我第三个孩子伊万杰琳出生后不久的事情。在这之前和离开圣马丁设计学院之后不久，我作为一个设计师为克里斯汀·拉夸（Christian Lacroix）工作，当时他刚开始创立品牌，后来转为多罗特·比斯（Dorothée Bis）工作。

你最喜欢的绘画工具或方式是什么？

我喜欢在纸上用许多颜料和墨水作画。

你工作时喜欢安静的环境，还是有音乐（广播）的环境？

我会听英国广播电台的第3频道。

你理想的工作是什么样的？

为《旧约全书》的《谚语集》配插画。

你是"慢功出细活"型还是"速写"型时装画家？

我绘画既仔细也很快。

你常用速写本么？

现在不用速写本，虽然我以前保存了很多速写本，里面塞满了画作，但我现在常用的还是那些散页的画稿。

你能描述下你的作品么？

跟随直觉的绘画作品。

你对你要表现的主题有研究么？是如何进行研究的？

我会花好几个小时在网上搜寻合适的模特和秀展，但我不认为这是研究——这听起来更像是工作——这也正是我感兴趣的。

你是如何看待个人创作和商业工作的？

我没有把我的工作分成个人创作和商业工作，因为它们的来源是相同的。

你有什么要告诉读者的么？

邀请你们浏览我的主页：tanyaling.com！

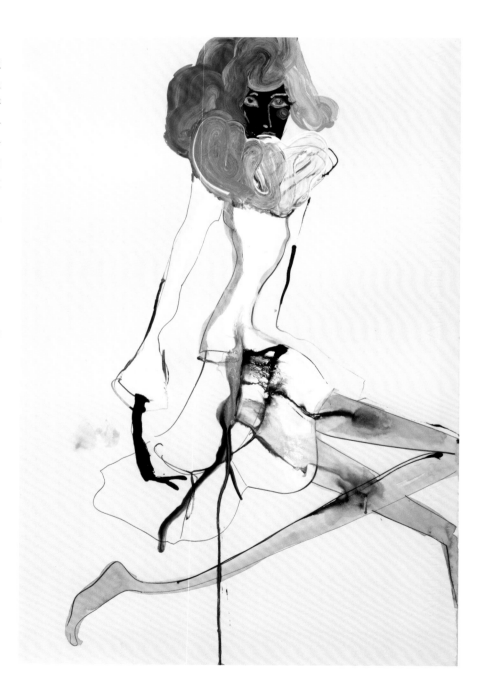

《白色》，维多果夫品牌（Viktor&Rolf），2008

在这幅作品中，画家用毛笔随意地涂抹出颈部的褶饰和浓密蓬松的头发。模特身着白色裙装，窈窕的体形和腿部线条构成画面的平衡感。

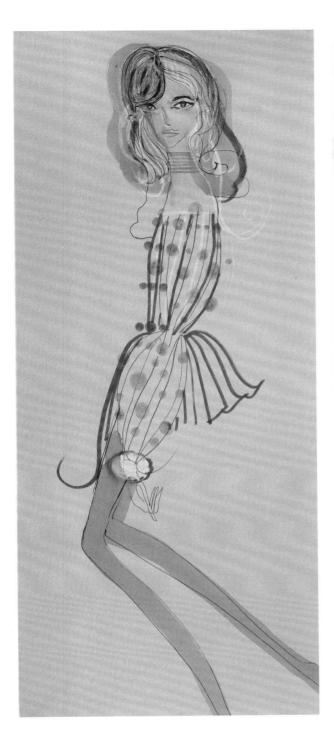

《概念画》，2010

模特身着点纹连身裙，举止轻浮，
当她轻轻撩起时髦的三角帽下的头发
时，她那纤纤细腿正向后微微弯起。

右图

《概念画》，2010

类似米索尼品牌（Missoni，意大
利）的针织服装设计的图形表达需要强
烈的画风来体现，作者精心安排了画中
具有动感的自上而下的色彩轻重。

左图

莲娜·丽姿（Nina Ricci）2012
秋/冬时装展，2012

模特身着浅色的皮草上衣，腥红
的嘴唇和黑眼圈对比突出了肤色和服
装的苍白。

右页图

克里斯汀·迪奥（Chrisitian
Dior）2009秋/冬时装展，2009

盘扣式的腰带使这套服装有种俄
式或军服的感觉，腰带紧系，腰围纤
细。穿着者不可言状的时髦感因与众
不同的头发色调而获得了平衡，给这
幅肖像蒙上了一丝怪异的氛围。

佐伊·莫尔·奥菲拉
ZOË MORE O'FERRALL

角色是佐伊·莫尔·奥菲拉（Zoë More O'Ferrall），每幅画中必不可少的元素，它可能是一位摇滚明星，也可能是一只猫，甚至可能是一只鞋子，但这只是表面现象，除此之外，佐伊·莫尔·奥菲拉每个主题都酷爱加入一些怪异的元素，例如参差不齐的牙齿或锋利的爪子，她的目的就是要告诉我们，它们究竟是如何真正"揭示"创作主旨的。莫尔·奥菲拉擅长控制线条，并将图形设计带入插画的创作中，有时还会结合字母的设计。她的创作主题可能是一幢旧楼或一个新锐设计师，她的作品告诉我们一切我们需要知道的内容，没有回避或歪曲，只有令人惊讶的线条、复杂和熟练的技艺以及令人震撼的画面效果。

人们可能在细致观察莫尔·奥菲拉笔下人物的皮肤或姿势之后，推断画家有某些严肃的暗示，但这些判断已经被艺术界权威们否定，他们认为她只是简单地表现出了她眼中的真相。她的作品从街头画到肖像画，黑色和白色都占据主导地位，有彩色实际上成为一种创作上的艺术尝试。莫尔·奥菲拉最为引人注目的是她绘制的人物特写，精确地绘制出每个细节和复杂的图案设计，几乎都是约衣印花布（法国著名印花布）的风格。奥菲拉的画是时装素材与奇特元素的组合搭配，是对从自然到静物的各种主题的探索与尝试。

莫尔·奥菲拉的作品中精确的线条和清晰的结构，让人想起精雕和传统木刻艺术。她的有些作品重现了传统工艺那种整洁平衡的布局框架，清楚地展示了她对图形的应用能力。她开创了一种与前辈插画家埃里克（Eric）、雷内·格劳（René Gruau）和雷内·博奥思（René Bouché）的新浪漫风格截然相反的插画风格，她的创作过程是观察和记录，她的作品有真正的核心和情感，她的插画不是机械或技术的产物，它们是能为自己代言的佳作。莫尔·奥菲拉的作品应用领域极为宽广，它们是一个成功的时装画家全面艺术才能的优秀范例。

右页图
《艾里珊·钟》（Alexa Chung，英国当红电视节目主持人兼模特），2010
身着条纹海魂衫和合体的精致西装，戴着多根项链的艾里珊·钟的装扮颇具法式风情，柔和的淡蓝色条纹让细心描绘的珠宝项链显得完美精致。

《凯特》，2010
　　时髦的年轻人常以自己的方式穿着服装，这让那些服装看起来相当另类。这张画的奇特之处是画家擦除了穿着者的脸部，焦点只放在衣服上，留下空间让观众自己去想象。

你出生于何时何地？目前你住在哪里？

　　我出生于伦敦，是一个地地道道的伦敦人，我住过伦敦南、伦敦北、伦敦东，现在住在诺丁山。

童年有对你艺术创作影响重大的特殊经历么？

　　很小的时候，我父母就发现我经常拿支铅笔，搬一张凳子，躲在厨房的角落里画画，后来这个地方被命名为："创作之角"。旅行对我的很多新创作具有重要影响：探索新的城市，寻找新的元素，无论对象的大小，都会形成我对每个地方的印象。我的作品中，建筑是一个突出的元素，这并不奇怪，也许这就是旅行的结果；因为我的作品多来自原创，所以生活中的寻常事物已经难以激发我的灵感，这种创意枯竭的情况存在很久了。

你还记得早期绘画的故事（或经历）么？

　　家里的墙上涂满画已经不是稀奇事了，他们不欣赏我的画，是因为我画的还不够大！

能介绍下你最早的作品么？

　　我第一份工作是为杂志《茫然和迷惑》作画，他们要我为一期杂志内容："死亡的出版"画插画。

你最喜欢的绘画工具或方式是什么？

　　我主要的绘画工具是墨水和铅笔，唯一使用数字技术是在把图像扫描到电脑后，用来清洁画面和调整结构。我很喜欢手绘艺术，如果我某些部分没画好，我会用电脑擦除。我痴迷于收集各种各样的笔，也不少收藏品，我常常会光顾文具店，疯狂购买一番。

你工作时喜欢安静的环境，还是有音乐（广播）的环境？

　　我工作时喜欢交换着听音乐和广播，这取决于我的心情和画什么。我常把英国广播电台的第4频道当成背景音乐，我断断续续地听他们的节目，这样可以时不时集中注意力，这是一种完美的恢复精神状态的方法。

你理想的工作是什么样的？

　　我喜欢每一个委托的工作和每个创作内容都不雷同，能有机会为各种各样的客户创作各种各样的作品，我喜欢为Topshop（英国快时尚品牌）工作，她们的艺术团队很棒，将他们的理念视觉化是一个很有趣的经历。最近的一份工作是为"蒙福之子"乐队把钢琴上的每一个部件都画出来，工作量很大，但令人耳目一新。如果我能一直接到新领域的工作，那就是我所想要的。

你是"慢功出细活"型还是"速写"型时装画家？

我相当仔细，因为我许多作品中有很多细节，特别是建筑，幸运的是我画得还算快——截稿日期总是感觉越来越短，但相比宽松的时间限制，我更喜欢在压力下工作，不在舒适的状态下肯定会减缓进度，这取决于创作的主题需要。

你常用速写本么？

我一直用速写本，我发现速写本对设计构思的表达很重要，重温老的速写本很有帮助，可以帮我找到资源和发掘新灵感。事实上，我所有的绘画工作都在速写本上起稿，而不是在单独的画纸上画的，我喜欢速写本上空间的限制。

你能描述下你的作品么？

我已经注意到许多人用"怪异"这个词来形容我的作品。我的作品主要是墨水和铅笔的彩色线条画，有时候我也不用彩色。我过去一直觉得黑白色比较安全，现在想法有所转变。手绘字体已经成为我作品中重要的内容部分，它曾让我的作品与众不同，现在却让我的作品感觉怪异，这真是个讽刺。

你对你要表现的主题有研究么？是如何进行研究的？

这取决于每个工作和每个创作主题，幸运的是我可以节省很多时间在网上搜图片，但是亲自去某个地方探索调研一下也很好，可以增强自己的感觉。

我经常旅行，拍数不清的照片。所以我建立了一个相当大的灵感和资源库，我工作的方式相当刻板，灵感不是来自于想象，因此研究是非常关键的。

你是如何看待个人创作和商业工作的？

我发现他们完全相互联系，很难定义出它们是这种还是那种，可能因为我工作的性质，作品都不太像个人作品。许多商业作品中的想法和视觉元素可能来自个人作品，也有可能反之，当你回到先前的探索时，会有助于获得新的灵感。

《过时了》，Topshop（英国快速时尚品牌），2010

这张暗喻式时装画暗示了两点：一是鸟儿的经典颜色该更新了；还有一个悲伤的事实是：当鸟儿被杀或被吃掉的话，它的确已经时过境迁了。

125

右图

《街头风格》，2010

两个都市小伙子衣着极简，令人印象深刻，画面焦点是人物特征和整套服装的描绘。

下图

《布洛克流氓》，2009

单色画单鞋很完美，多余的描绘均被抹去。

下图

《卡尔·拉格费尔德》，2011

西装上密集的纹理描绘和精心刻画的头发与拉格费尔德的黑色领带、眼镜形成平衡，这是未加修饰的真实，并不是漫画。

底图

《咔嚓咔嚓》，2009

这张极具魅力的相机小插图展示了时装画家简直可以画任何物品的高超技艺。

右图

《伊夫·圣洛朗》，2011

晚年的伊夫·圣洛朗（Yves Saint Laurent），这张肖像画展示了这位设计师的基本面貌特征，并没有沦为卡通画。

give us a snarl please Karl

flash flash

珍妮·默特塞尔

JENNY MÖRTSELL

正如昆虫琥珀的形成过程，珍妮·默特塞尔（Jenny Mörtsell）抓住对象在生活中的某个瞬间，他们或是正在揉眼睛，或是正在化妆，他们的表情被画家用插画形式永久地定格下来。这种定格插画具有戏剧性，完全不同于摄影或素描，它结合了深刻细致的观察、精致的描绘和大量的手工绘制。

默特塞尔密切关注那些时尚达人和时装从业者，研究他们每天穿什么和怎么穿。她用200年前的艺术家霍勒斯·韦尔内（Horace Vernet，法国画家）和保罗·加瓦尔尼（Paul Gavarini，法国画家）擅长的深入细致的手法进行创作。将经典传统和现代理念融合运用是很难实现的艺术创新活动，但默特塞尔成功地做到了，她仔细地选择创作素材，精确地布局和构图，在作品中引入典型的当代艺术风格以及她那略微古怪的个人喜好。

服装到底该怎么穿？人们是如何把他们搭配到一起的？这是默特塞尔作品的中心内容。她的作品最重要的任务是突出个人主义和个人风格的重要性，她的人物都来自现实，他们穿衣方式特别，不会穿走样，那是因为时装周或时尚编辑们已经告诉他们正确的穿法。有的时尚造型师会做出若干种简单造型，为了拍照或秀展，把这些造型以特殊的方式排列在一起。默特塞尔使用同样的方式和高超的构图能力完成自己的作品。她的插画中会采用物品互相衬托的方法，以表现出物品丰富的质感，例如毛衣和蔬菜组合，绿叶植物前的丝般光滑瓷器，或甲壳动物壳前的金属罐等……在时装设计中，条纹可能会与格子搭配，但在插画中，这不是一个能突出画面重点的好办法，所以她不会这样去组合。默特塞尔使用颜色非常谨慎，这形成她作品的另一个特点：柔和的蘑菇米色、鲜亮的水仙花黄色在她的笔下让画面呈现出一种扑面而来的清新感。

默特塞尔的作品题材广泛，男性、女性和物品都是她创作的对象。但无论画什么，她的画法和水准都能保持稳定和一致。她笔下的精美画面以及对风格非同寻常的洞察，已成为一份对时装界独特而永恒的记录。

右页图
《都市户外用品店》，2010
柔软面料上条格的绘制对时装画家来说一直都不太容易，但在这张画中，它看起来好像是世界上最简单的事：一个邻家男孩，柔软的针织开衫套在衬衫外，他的眼神似乎正从观众身上移开。

右图和下图

《混音》杂志，2011

珍妮·默特塞尔将若干个包袋打散并置在一起，以最简单的造型和较复杂的质感，清楚地刻画出每个包袋的特点。

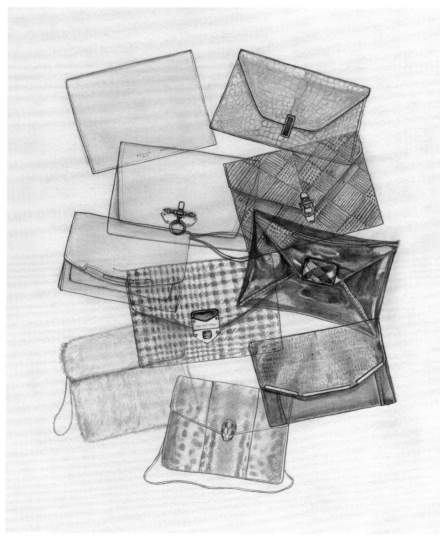

你出生于何时何地？目前你住在哪里？

我出生于瑞典的斯德哥尔摩，2008年我迁居纽约，去寻找发展机会，一直呆到现在。最近我搬到布鲁克林的绿点区居住。

童年有对你艺术创作影响重大的特殊经历么？

我记得乐高玩具、小马驹、森林小人、阿斯特里德林德格伦（瑞典著名儿童文学女作家）和南曼兰地区美丽的马拉伦湖边，还有我们全家在山林小屋度过的每个夏天。

你还记得早期绘画的故事（或经历）么？

我还记得幼儿园用过的那些绘儿乐（一种美国儿童绘图笔）。

能介绍下你最早的作品么？

那是为一家瑞典女性杂志《Bang》绘制的关于电影中那些改头换面的"麻雀变凤凰"女孩的插画故事。

你最喜欢的绘画工具或方式是什么？

一支手工0.5mm的铅笔，一块橡皮，外加一张平整的有底纹的画纸。

你工作时喜欢安静的环境，还是有音乐（广播）的环境？

一直听音乐或广播记录片，最喜欢听《美国生活》。我也从F.E.X Resident Advisor（电子音乐最好的网站）上下载许多DJ混合音乐。我发现如果持续听音乐的话，我会画得更加有条理。

你理想的工作是什么样的？

为年轻的波姬小丝（美国影星）画肖像画。

你是"慢功出细活"型还是"速写"型时装画家？

我绘画非常慢和仔细。

你常用速写本么？

没有，我从来不画速写，但我一直随身携带至少两个相机。

你能描述下你的作品么？

逼真的铅笔画。

对你要表现的主题有研究么？是如何进行研究的？

我会在Google上搜索图片，保持开放的心态和好奇心，听听周围的人们在谈论些什么。

你是如何看待个人创作和商业工作的？

个人创作和商业工作对我而言没有大的区别，只是我个人的作品我会选择自己的主题，而商业工作由于截稿日期和是否能被商家接受的原因，绘画方式会略有不同，我会让某些内容更具有兼容性。我个人作品画得较慢，因为我有最终决定权，并且不会去改动它，常常完稿的时候画得很细。

你有什么要告诉读者的么？

不断提高，不忘初心。

上图

《菲利林3.1》（美国），2009

这件风衣很自然地挂在衣架上，各个部位都摆放有序，这是一张观察细致的服装静物画。

右图

《歌星沙巴·兰克斯》，选自《凋谢者》音乐杂志，2009

模特陷入深深的沉思中，戴满珠宝的手指和莫西干人发型形成了视觉上的平衡，也是他独特风格的无声宣言。

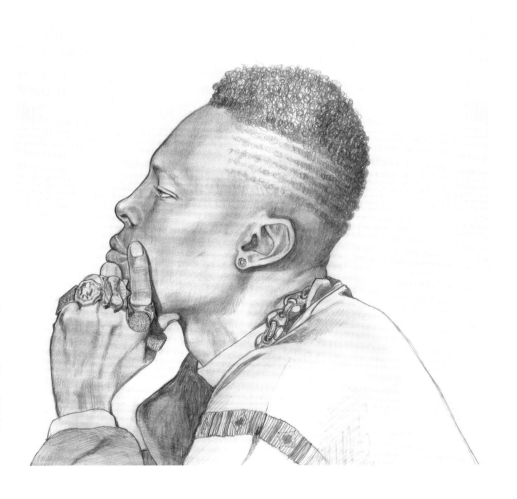

左图

《瑞秋·科米》，《挚爱》杂志，2007

画面中各个细节具有完全不同的结构和明暗关系：头发、眼镜、上衣、裙子和鞋子。作品最突出的特点是为了让画面看起来整齐均匀，画家对每个细部的着力刻画都相对平均。

右页图

《瑞安》，2008

捕捉瞬间是许多画家的拿手好戏，这张正在擦拭眼睛的长发男子速写稿就是一个典型的例子。

《人类行为》，《型A日志》，2010

年轻女郎无聊地摆弄着袖子，她已将长颈鹿面具滑到脑后，压住她那卷曲蓬松的秀丽长发。

作者捕捉到的这个瞬间动作，使观众"偷窥"到她的无意识状态。

从左到右，从上到下

《特里·齐奥利斯》（著名摄影师），2008

穿上漂亮新鞋子的女孩快乐地蹦跳着，这幅插画颠覆了人们对"时装画只是时装的静态记录"的观念。

《人类行为》，选自《型A日志》，2010

模特端坐在一截树干上休息，她戴着米老鼠耳朵，正大方地炫耀她那双作为奖品的精灵靴。

罗达特品牌（美国），选自《挚爱》杂志，2007

这幅画的关键不是模特掀起的裙子，而是那条从模特的马尾辫开始，穿过臀围线最后到侧着的腿部的结构线。

克里斯托弗·凯恩品牌（英国），选自《挚爱》杂志，2007

模特手放在臀部上，目光平视着画家，她似乎对身上的蛇纹印花上装和破牛仔裤的装扮感到自豪。

皮特·帕里斯
PIET PARIS

1893年图卢兹·洛特雷克（Toulouse-Lautrec，法国画家，"蒙马特尔"之魂）为夜总会海报画珍妮·阿弗莉（Jane Avril，法国红磨坊演员）的时候，他就永久地保存了她的时装廓型和风格。今天，插画家皮特·帕里斯（Piet Paris）继承并发展了这种大胆的线条感风格。在他的许多作品中，有对几代前辈艺术家风格的继承和认同，这些前辈艺术家都致力于线条和空间的艺术创作。作为一门创意艺术，时装画必须在时尚感或即时感之间做出选择，否则就会被淘汰。帕里斯在他的作品中证明了自己绝对是个现代派画家，他采用精确的块面分割法来画画，但画面上的分割线条随意、清晰明朗，不受某个时期风格的影响。他的作品大胆而精确，同时具有很强的平衡感和形式感，色调鲜明。

20世纪初为《时尚公报》工作的伯纳德·布代·德·蒙维尔（Bernard Boutet De Monvel）就善于精减画面和空间布局，被认为与皮特·帕里斯同样苛刻。但不同的是，帕里斯吸收了当代风格和现代流行趋势，所以他的作品非常前卫。他的作品以简约的方式反映了今天时尚界的习俗，用严谨而肯定的表现手法展示了帕里斯对时装界的看法。

帕里斯的作品具有收藏价值，有些适合出版物，有些适合画廊展览。他对色彩的运用常令人惊叹，例如他会用粗黑线条把紫色和绿色隔开，画面夸张而醒目。无论是平面上的线条还是剪纸的切边线条，帕里斯都能凭借绘画技法展现出立体效果。他准确地画出适合脚的鞋子、正待穿上的裙子和待做造型的头发，完全清楚如何去把真实的对象和感觉传达给观众，他的这种准确的表现能力是非常出色的。

右页图

《吻》，选自《荷兰航空》杂志封面，2006.

画面中埃菲尔铁塔和飞吻的模特的剪影在水平陆地、水平草坪和水平飞行轨迹的背景下，被更紧密地联系在一起。画面顶部的"屏幕"被一块天蓝色切割成三角形，和模特鲜艳的红色马尾辫一起构成这幅相当精彩的时装画。

右图
为日本东京广播协会的交响乐队所做的日历封面，2007
这幅画中，颜色被用来协调蒙德里安风格的三个线形人物，海军蓝色和橙色起着相同的搭配作用。

下图
《夏帕瑞莉的作品》，《时尚日本》杂志鞋子专刊封面，2003
在这张对艾尔萨·夏帕瑞莉（Elsa Schiaparelli，著名鞋帽设计师）的鞋帽设计表达敬意的作品中，帕里斯用杏仁色绘制主题的轮廓，这张画用于庆祝新鞋的发布。

你出生于何时何地？目前你住在哪里？

我出生于荷兰的海牙，现住在阿姆斯特丹。

童年有对你艺术创作影响重大的特殊经历么？

我童年受到的教育，特别是我父亲在艺术和美学方面的引导，对我影响很大，我母亲优雅的服饰也激发了我对时装的兴趣。

你还记得早期绘画的故事（或经历）么？

我以前所有的时间都在画画。当我还是小孩子的时候就是这样。在小学读书时，老师都不能让我停下来，绘画科目上我总是拿最高分。

能介绍下你最早的作品么？

离开阿纳姆的艺术学院后，我的第一份工作是为意大利杂志《名利场》工作，为15位意大利女星绘制肖像。

你最喜欢的绘画工具或方式是什么？

HB铅笔。

你工作时喜欢安静的环境，还是有音乐（广播）的环境？

我工作时很安静。

你理想的工作是什么样的？

我喜欢那种系列插画的工作，那会给我更多的表现空间去完整地讲述一个故事，可以展示不同的技法，这种工作我认为比较理想。

你是"慢功出细活"型还是"速写"型时装画家？

构思和草图我会画上两天，正稿我只需画一天。

你常用速写本么？

没有，我从不在业余时间和工作室外画速写。

你能描述下你的作品么？

我的作品表达了我对时装各个方面终身的兴趣。

你对你要表现的主题有研究么？是如何进行研究的？

一般情况下，我会在网络上搜索，参观时装秀和展厅，还会学习和参观博物馆并进行大量阅读。

你是如何看待个人创作和商业工作的？

我只做商业委托创作。

时尚DNA系列作品展中的作品《新娘》，国家博物馆，阿姆斯特丹，2006
摄影图片剪切的花边构成一条礼服裙，它具有维多利亚时代的风格特征。这幅画是画家对各种历史元素的幻想，将它们融合成一个大胆的宣言。

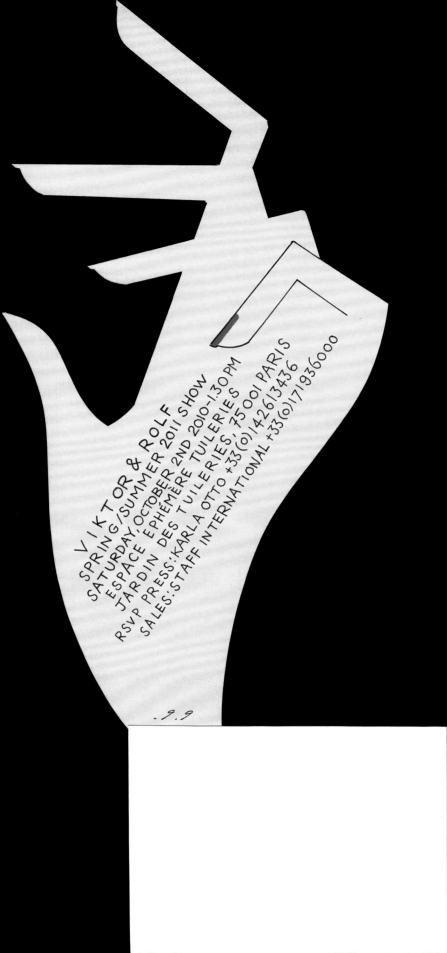

VIKTOR & ROLF
SPRING/SUMMER 2011 SHOW
SATURDAY, OCTOBER 2ND 2010-1.30PM
ESPACE ÉPHÉMÈRE TUILERIES
JARDIN DES TUILERIES, 75001 PARIS
RSVP PRESS: KARLA OTTO +33(0)142613436
SALES: STAFF INTERNATIONAL +33(0)171936000

左页图

维果多夫（Viktor&Rolf）2011
年春/夏时装展邀请函，2011

时装秀邀请函本身就是一种艺术
形式，无论是一张极简的白卡纸还是
复杂结构的信函。这张为维果多夫品
牌秀展设计的邀请函，将袖克夫设计
成一个小小的信封形状。

上图

维果多夫（Viktor&Rolf）2011
年春/夏时装展的背景幕布，2011

将硕大的时装画布置成维果多夫
品牌秀展的背景，甚至连T台也用上
了时装画。

斯蒂娜·帕森
STINA PERSSON

很多时装画家宁愿用单色或某些特定的色调，这是有原因的，因为除非是客户要求，否则流行色的变迁会让他们的作品过时而被淘汰。斯蒂娜·帕森（Stina Persson）非常着迷于色彩，她总是自由自在地在画纸上尽情泼墨，所以她的作品有着豪放的特点。尽管帕森的作品看上去很随意，但每幅作品实际上都是精心安排，深思熟虑的结果，她和克里斯汀·拉夸（Christian Lacroic）一样，对色彩的运用充满自信。在观众眼里，她的作品似乎很大胆，但她只是简单地以一种创意的实践方式记录下自己那些奇妙的想象的。

斯蒂娜·帕森熟练的技法加强了作品的视觉效果：她可以让一种颜色自然地融入到另一种颜色之中，绘制手法收放自如。她对画面布局和色彩调配相当谨慎，同时她也让观众相信一幅完整的作品无须过度刻画。当她用其他的材料和工具进行创作时，这个特点就更加明显，例如她用报纸或照片剪贴作画，就如同一个设计师在筹备一场发布会，最后选择什么要素才是最重要。

斯蒂娜·帕森探索了一条实现她创作主题的方式，既有她个性化风格也不会影响作品的商业目的。她使用黑色的方法很有趣，有时候她会用黑色画出结构或轮廓，而在其他时候画面上不会出现任何黑色，她会用彩色代替黑色来完成画面结构的塑造。

斯蒂娜·帕森像很多成功的时装画家一样，在系列主题的创作中，可以有多种方法来展现自己的绘画技艺，这使她的作品富于商业价值和用途。然而，不管是什么样主题和要求，是否是现实主义还是具象派，抑或是需要创造力和想象力，帕森的作品始终保持着自己的个性。

右页图
《宝贝》，选自《完美的瑕疵》系列作品，2010
模特的柑橘色头发被绘成一个巨大蜂巢形状，她的头略微倾斜，已突出脸部的曲线。画面中有一个关键要素，就是画面底部几乎看不清的服装上的几何图案，与画面中其他的柔和感形成恰如其分的强烈对比。

下图

《奴奴》，选自《完美的瑕疵》系列作品，2010

这幅时装画中的面料仿佛具有彩色玻璃般的质感，浓墨重彩的红色头发与幽灵般隐约的面部组合，使画面具有了平衡感。

你出生于何时何地？目前你住在哪里？

我1977年出生于瑞典南部的大学城——隆德，18岁那年搬去东京，随后又去了意大利和纽约，当我们第一个孩子将要出生时，我们决定搬回斯德哥尔摩，于是一直住到今天。

童年有对你艺术创作影响重大的特殊经历么？

我70年代是在瑞典度过的，这真是太棒了。那时候流行的是中性、自我的风格，到处是破烂的木屐和牛仔装，这对于像我这种精力充沛、富有创造力的假小子来说，真是太合适不过了。

你还记得早期绘画的故事（或经历）么？

我记得我画过一张很大的水彩画，上面是一个女孩和一个男孩，我送给了我的父亲，他用一个框架装裱起来并挂在他的床头，现在我的父亲已经去世了，那幅画还在那里。和其他孩子一样，我经常把我的画送给我父母，但是我父亲特别喜欢那幅画，让我觉得很独特。

能介绍下你最早的作品么？

我第一份工作是在纽约一家名为《价值》的初创杂志社里工作。当时杂志有个专栏，叫"野餐对对碰"，专门为野餐提供美食参考，专栏主要是用文字策划野餐内容，我负责给野餐会画啤梨，我画了很多啤梨，一遍又一遍，可是他们都不能接受，认为画的太具有破坏性了。

你最喜欢的绘画工具或方式是什么？

墨水笔、拼贴、水彩……但我常常寻找和尝试新的工具和方式，将他们组合在一起使用或者拼贴在一起。

你工作时喜欢安静的环境，还是有音乐（广播）的环境？

我一个人在工作室的时候，就听英国广播公司的国际频道，我很少看电视，听广播是我与世界上正在发生的事情保持接触的一种方式。当广播播放球赛时，我会调到国家公共广播电台。等到我同事来了，我们会一起听音乐台、各种歌星和乐队，从佩吉·李（Peggy Lee）到凯伦·安（Keren Ann），从豪尔赫·本（Jorge Ben）到"瑞典的小龙"乐队。

你理想的工作是什么样的？

我理想的工作是那种有趣的合作。

你是"慢功出细活"型还是"速写"型时装画家？

我绝对不是那种很细致的画家，我绘画速度很快，但会画上1到50张左右，才能出现我想要的效果，有时候一点也不快。

你常用速写本么？

没用过，但我希望我是那种经常练习速写的人，他们看上去真酷，很有意思，我都有点嫉妒了。我买过不少画具，但都没怎么用过。

你能描述下你的作品么？

我的作品是在低俗和优雅之间、粗犷和柔美之间寻找一个恰当的平衡点，并用时装画的方式表现出来。

你对你要表现的主题有研究么？是如何进行研究的？

我会浏览一些书籍和旧杂志。

你是如何看待个人创作和商业工作的？

我一直在努力寻求突破，即便是与大客户合作也力图让作品更加个性化，这并不容易，但极具挑战性，会激起我的斗志，也让我感到紧张和激动。

上图

《自由》，选自《完美的瑕疵》系列，2010

这张新艺术主义形式的时装画重现了伟大的阿方斯·慕夏（Alphonse Mucha）的风格和精髓：卷曲飘扬的发梢自然垂下，"流入"服饰面料之中。

右图

《"红裙"秀场上的红色大氅》，2010

紫红色、粉玫色和深酒红色，几层浓艳的色彩叠合成这件奢华的天鹅绒大氅。深色与脸部、头发的浅黄色形成鲜明的对比，几种颜色在领部逐渐变淡，最终融合为一体。

上图

《"红裙"秀场》，2010

模特大步前行，她那经典的手扶臀部的姿势，可以参加任何一场秀展，也许是因为受电影《托斯卡》的影响，画面颇具有戏剧性。

右图

《时装周上的拉各斯特色》，选自《起源》杂志，2011

这幅作品说明了一个问题：对所有的时装画家来说，从任何角度都能画一个模特是一项必备的技能。

上图

《T台》，安哥拉时尚周，2010

两位模特直视着观众，对自己的魅力和成功的衣着相当自信。斯蒂娜·帕森用色块绘制几何图形，如同聚光灯一样。色块虽然强调了模特的优美曲线，但她们的身体形状并没有因此而变得模糊不清。

塞德里克·瑞安

CÉDRIC RIVRAIN

超现实主义美感？这对他作品充满疑惑的评价也许是对塞德里克·瑞安（Cédric Rivrain）作品的最好描述：他可以用大量精致的线条，细腻地描绘出巴黎世家设计师尼古拉·盖他斯基埃（Nicolas Ghesquiére）或马丁·斯特本（Martine Sibon）的手工艺设计作品，他还能精确地刻画那些世界顶级的模特，绝不会把她们的肖像画降到街头速写的水平……当你理解了这些前人对他的评价和介绍，然后加入自己的想象力，将它们以意想不到的方式进行组合，再借用超现实主义的怪异思维方式，你就可以走近去欣赏瑞安的传世之作了。

想要理解瑞安充满创意思维的过程，你只看他如何处理细节就可以了：他可以在一个男人脸上精心地"贴上"一块创可贴，立刻就会打破画面的僵硬感；他精心刻画一条设计师的裙子，然后在裙子后面加上夸张的眉毛和瞪着观众的眼睛……这都是他屡试不爽的表现手法，效果到底如何，最好是留给观众自己去观察和判断。瑞安作品最为独特的是他能让观众感到迷虑，他似乎是把经典电影《萨德侯爵》和《危险关系》中的那位优雅的名伶穿越带到了21世纪。他独创了一种面具式结构的表现方式，画中只画出穿戴者的局部细节，整张画并不画完整，这种原创的表现效果令人难忘。

在作品的故事性背后，是艰辛的创作过程和令人惊叹的绘画技法。瑞安创作时，只需简单构图，就可以开始绘画，他那艺术家的视野和想象力让他的绘画天赋得到释放，他的画作绝不是简单的视觉记录，他懂得如何忠实地描绘和表达现实，同时也坚持自己的风格，这也表现在他对色彩的处理上：忠于事物的原状，但也与他个人的审美保持一致。他对画纸的选择也很有意思，为了能画出特别的效果，他从一开始就选择那些别致有趣的画纸。真正的时装画家的标志就是他有能力把我们带入他所创造的时装世界，瑞安用他那如同鞭子一样的画笔迎接了这个挑战，也许这个神奇的"鞭子"来自巴黎的利马羽饰坊（法国著名装饰羽毛工作坊），是用羽毛做成的。

右页图

《身穿马丁·马吉拉品牌（比利时）的安娜贝尔》，2007

画中究竟应该用多少黄色？只通过一个精细刻画的模特头部是很难得到答案的。这幅画画成什么样才算完成？这个问题恐怕只有画家自己知道。

你出生于何时何地？目前你住在哪里？

我1977年出生于利摩日，法国的瓷器之城，现在住在巴黎。

童年有对你艺术创作影响重大的特殊经历么？

我看过的动画书，父亲挂在墙上的古代医学插图以及我收集的贴纸画。

你还记得早期绘画的故事（或经历）么？

我记得不太清楚了，我猜想是一副舍不得终止的漫画，而我一直在以自己的方式延续着。

能介绍下你最早的作品么？

那是为电影《年少轻狂》画插画。

你最喜欢的绘画工具或方式是什么？

能帮助我画出细腻的线条和色彩的任何工具。

你工作时喜欢安静的环境，还是有音乐（广播）的环境？

我一直喜欢画画时听音乐，有时候一整天都在循环播放同样的歌曲。

你理想的工作是什么样的？

我理想的工作是那些能给予我自由发挥的工作。

你是"慢功出细活"型还是"速写"型时装画家？

我的作品快速而细腻，跟随直觉走。

你常用速写本么？

没有，我从不在创作前画任何草图，我总是直接就开始画正稿。一般情况下我会在脑海里记住一些画面和感觉，每当这些内容被画出来时，我会感到惊喜。

你能描述下你的作品么？

这不该我来回答，我对自己的作品太了解了，我希望作品的特点是某种感觉。

你对你要表现的主题有研究么？是如何进行研究的？

事实上，我不会去研究主题，当某些元素吸引我时，我会花时间来观察，最后它们会以绘画的形式被表达出来。

你是如何看待个人创作和商业工作的？

个人创作会让商业作品更加丰满，同时也让商业作品更具个性化。

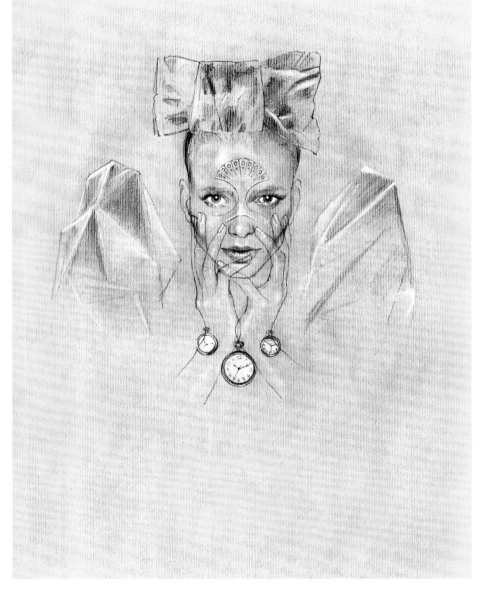

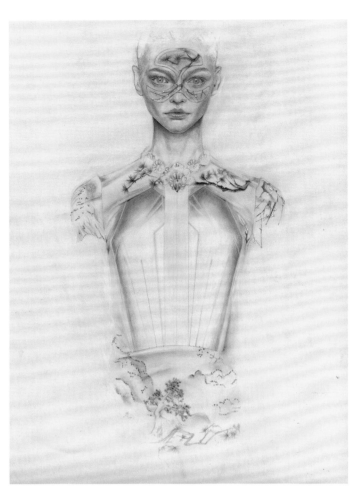

上图和上右图

《身着巴黎世家和普拉达高级订制的萨莎》，2008

画面具有拜占庭时期的艺术风格：珠宝、装饰面具、端正的表情和每幅画在相同转折点的处理方式，都像极了历史时期的人物壁画。画面传递了画家的艺术理念：时装就是在每款设计中绝对完美地处理好每根线条。

右页图

《身着朗万高级订制的萨莎》，2008

这幅画展现了高级订制礼服的精美工艺。瑞安喜欢面料的光泽和服饰上精致的褶皱。画面中面具和颈饰造型优美，搭配和谐。

朗万品牌（法国），2011
　　用同样精确和细致的方式像画女
装一样画男装，瑞安借助这张时装画
展示了强烈的个性，体现了个人风格
的重要性。

左图

朗万品牌（法国），2010

模特将手插在裤兜里的，正向观众展示服装比例，画面真正想要表达的是模特的穿衣方式。

下图

《路易威登的模特》，2007

这是张灵感来自弗拉·戈纳尔（Fragonard，法国画家）和达利（Dali，西班牙画家）的想象画。画中将丽达与天鹅组合在一起。传说中的天鹅是邪恶的动物，所以这让画面显得相当不真实。画风具有诗意，模特裸露的上身和夸张的鞋子增加了画面潜在的怪异感。

萨拉·辛格

SARA SINGH

　　莎拉·辛格（Sara Singh）可以把一个看似简单的物品，描绘成人们追捧的对象。她笔下的一排排口红或指甲油在空中盘旋，似乎没有任何重量，华丽又闪亮。她的作品是令人期冀的时装，纯粹的时装，轻松的感觉使她的画面避免了幼稚、矫饰或女孩子气。她对画面的控制意识在每个作品中都很明显，无论是一张简单的邀请函还是晚会上繁琐的礼服。

　　虽然辛格下笔很快，但她的作品中依然充满力度和表情丰富，她笔下的长裙似乎沙沙作响，高跟鞋正支撑着模特的重量，她画的寿司似乎完全可以品尝，画面中的每件物品看上去都非常真实和具体。她快速地捕捉着绘画对象，动作敏捷并充满自信，画面效果令人赞叹。

　　辛格对图形很敏感，也完全清楚如何在纸面上塑造出立体效果。她根据自己的直觉和理解调整着自己的色调，相当随意地用一种"绝对低调"的方式展现给观众所有的信息。辛格常固定使用几种特别的颜色，用深浅同色的技法，去加强作品中的高光区域，让画面焦点集中在线条上——她就是用这种技法对作品的结构进行取舍，剔除掉画面上多余的部分。

　　辛格可以将她的作品运用到任何产品设计上：室内设计、食品包装设计、珠宝设计……她的作品沿袭了20世纪艺术家的风格，她绘画如同插画家伯纳德·博罗萨克（Bernard Blossac）那样，似乎毫不费力，不同的是，她可以充分发挥自己的观察技巧，完全支配她那双极具洞察力的眼睛。

　　时装画由两个部分组成：细致观察和自由表现。莎拉·辛格完全具备这两方面的能力。主题创作中，她对结构的直觉和领悟保证了作品的完整性，她总能让观众看到她所看到的视觉影像。艺术天赋和扎实的绘画基本功的完美结合使得她的作品别具一格。

右页图
蒂芙尼公司的宣传策划，2006
在这幅时装肖像画中，画家对模特随意的勾勒，特别是飘逸发型的描绘，与精美珠宝细节的细腻刻画形成对比。

《书籍封面设计的构想》，2010
画中模特浓密茂盛的头发具有十足的重量感，与人体极简的线条形成鲜明的对比，倾斜的头部、深色的眼影和嘴唇进一步加大了画面结构线的倾斜度。

你出生于何时何地？目前你住在哪里？

我1967年出生于英格兰，在伦敦、斯德哥尔摩和弗罗里达州长大，我现在住在纽约。

童年有对你艺术创作影响重大的特殊经历么？

我父母都在航空业工作，所以我们经常旅行，我小时候是个"观察家"，会从我妈妈的那些靠垫上观察并临摹各种人像，我记得12岁时，那时候觉得要是能早点出生就好了，这样我就能成为60年代的一个模特。

你还记得早期绘画的故事（或经历）么？

我记得大概5岁时，第一次在黑板上画画，那时我就在想："这就是我长大后要干的！"我还记得当时的衣着服饰。

能介绍下你最早的作品么？

在瑞典为一家旅行社画旅行简介，我画过很多题材，客户从乳酪商到甲壳虫乐队的各种类型。

你最喜欢的绘画工具或方式是什么？

墨水、毛刷和廉价纸（如果画纸太好或太贵，我会感到紧张）。

你工作时喜欢安静的环境，还是有音乐（广播）的环境？

我工作时最好是有音乐，工作的过程需要节奏，我常常重复播放同一种音乐，这样可以保持某种稳定的创作感觉。

你是"慢功出细活"型还是"速写"型时装画家？

我的每张画都画得很快，但正稿之前，我会画很多，直到我获得想要的那张。当我用PS软件处理画作时，每一步的数字化操作我会很小心。

你常用速写本么？

我想这是一个好习惯，但是我是一个随性的"涂鸦者"，我会很快地在速写本上涂满各种各样的信手涂鸦和一些无意识的画作。

你能描述下你的作品么？

简洁流畅的线条、女性化、敏感、精致并具有时尚感。表现技法上，我喜欢用金属笔尖的钢笔作画，用墨水像水洗般涂抹作画。

你对你要表现的主题有研究么？是如何进行研究的？

我在网络上海量搜索，或者看电影，阅读书刊和杂志。

你是如何看待个人创作和商业工作的？

一般来说，我的个人创作给我的商业工作提供了滋养的成分，但我的商业工作常常要求我找到某种新的形式来表现，或解决某些实际问题，这些也有助于提高我个人作品的水平。

《眼影》，布鲁明戴尔百货店，2010；香水，2011

在这两幅作品中，时尚物品和配饰绘制得很简单、精巧。这说明即便是这种简单的物件也需要高超的绘画技巧，尤其是体积较小的眼妆盒和香水瓶。

If I were
a girl
I'd wear
a cape
every day

倩碧品牌（美国，根据内容需要略有修改，添加了文字），2011
这张画中模特并不重要，因此画家没有刻画脸部。深色厚重的斗篷披肩和连身裙上闪烁的装饰形成对比，仿佛向观众娓娓叙说着画面背后的故事。

诗阁品牌（香港），2009
　　这张颇具梦幻色彩的时装画具有
完美的平衡感，这要归功于对模特手
的描绘，指甲完美无瑕。画中只描绘
了一只眼睛，形如鸟尾。头饰的精心
拼贴和大胆的线条取舍让整张画堪称
完美。

左图
《尼娜的新鞋》，2011
用一个不寻常的姿势和角度，作者给我们展示了短发、针织连身裙上的柔软线条和T型高跟鞋。

下图
雅诗兰黛品牌（美国），2008
模特身着露肩羽毛礼服裙，仿佛置身于漩涡中。画中完美地展现了柔软的叶状羽毛与硬朗的衬裙线条之间的对比。

左页图
来自邦德07品牌店系列组画，纽约，2003
无须采用海报画法或人为布置好场景就能画好内衣，需要画家具备独特的绘画技巧。这幅画中，辛格精确地捕捉到了摩登模特生活穿戴整齐之前的一瞬间：身穿内衣、短裤、紧身裤和鞋子。

165

藤原浩田边
HIROSHI TANABE

插画家是用什么方法将自己区别于其他插画家的呢？通常插画上是看不出明显的方法或风格，但是简单的一个元素就能让画面显得特别或有力度，这就如同画面底部那些各具特色的画家签名一样。

例如藤原浩田边（Hiroshi Tanabe），他很喜欢画人物的头发，在他的画中，几乎每个角色的头发都有自己与众不同的造型，虽然这些画中还有其他元素来支撑画面内容。

田边用色很特别，没有章法可循，他的特点是把颜色并列在一起，直接当作背景或画面来用，他纯粹是根据线条来安排色彩比例。大胆的线条的运用使他成为当代杰出的插画家之一。他的作品主题范围宽广，并受到时装界的启发，他的风格简单但是让人眼花缭乱：眼镜广告、朋克男孩、60年代女郎、快妆形象和18世纪假面舞会等，这些你都能在他的作品集中看到。

田边处理画面干脆、果断，他会直接消除冗赘的部分，只将重点集中在最基本的元素上。他善于构图，每个物体在画面中都处于合理的位置——也许正是因为首先具备这种统筹的能力，才让他能够集中画面的关键要素，表达出插画的时尚本质，这一点的确令人叹服。他的画面结构中有对日本传统木刻艺术的继承，也有来自日本时装大师的影响，例如渡边淳弥（Junya Watanabe）。纵观田边的作品，他总能通过自信的个人风格传递一种令人愉快的情绪，这有可能是60年代的通俗风格，也可能是浪漫的清新风格。他展示了一个真正的天才插画家是如何成功地将个性与客户要求结合起来，并最终获得商业成功的创作过程。

右页图
《发型手册》，费加罗夫人，2004
完美的发型、完美的指甲和完美的绿松石水滴——但艺术家用模特手指上的污点，向观众展示了什么是不完美的涂抹效果。

你出生于何时何地？目前你住在哪里？

我出生于日本川崎，1990年移居意大利米兰，两年后搬到纽约，一直住到现在。

童年有对你艺术创作影响重大的特殊经历么？

日本电视上那些动画片和动作片中的英雄，他们非常有创意，另外我母亲是一位画家，这对我也有影响。

你还记得早期绘画的故事（或经历）么？

像其他孩子一样，我小时候喜欢画怪兽和宇宙飞船。

能介绍下你最早的作品么？

我的第一份工作是为一家米兰的夜总会绘制传单，从1990年开始，我画了两年。

你最喜欢的绘画工具或方式是什么？

钢笔和铅笔。

你工作时喜欢安静的环境，还是有音乐（广播）的环境？

我习惯工作时大声播放滚石或重金属音乐，但不是每次都这样。

你理想的工作是什么样的？

画动画片。

你是"慢功出细活"型还是"速写"型时装画家？

慢而且很仔细。

你常用速写本么？

我画很多速写。

你能描述下你的作品么？

细腻的线条画。

你对你要表现的主题有研究么？是如何进行研究的？

通过书刊、电影和网络。

你是如何看待个人创作和商业工作的？

两种创作我采用的技法是一样的，主题不同而已。在我的个人创作中，主题的选择比较自由。我也喜欢画油画，也喜欢自己动手做。

上图

盖璞（美国品牌），红色运动T恤衫，2009

重叠的史前恐龙图案和女孩飞扬的发梢增添了画面的动感，画面中一个重要的技法处理是模特身上的细褶裙与身后摇摆的恐龙尾巴形成呼应。

右图

拉布雷亚（美国品牌）T恤衫，2003

画家用线条和淡彩色绘制女孩巨大的发型，并用贝壳系的粉色调提高发型的色彩感，同样的色彩组合在太阳镜和梯形背心上再次使用。

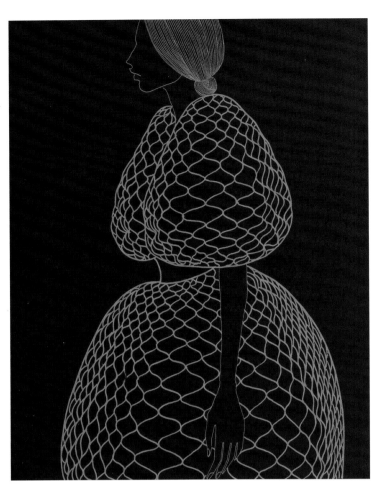

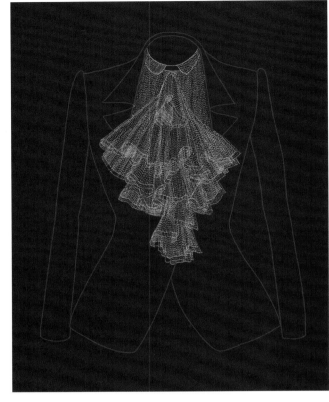

上图

渡边淳弥2000年秋/冬时装展，《新星》杂志，2000

画家用复杂的结构画出这件轻盈的衣服，这件衣服似乎将要被折叠起来，就像它的设计灵感来源——折叠灯笼那样。

上右图

《和平女神》（鸡尾酒服，大约1950年），选自《S杂志》，2009

这幅画全部的重点是小立领垂下的大量裙裾，细笔勾勒的轮廓线是一款精致的西装，完美地衬托着这个夸张的领型。

右图

《奥利弗·卡恩肖像画细节》（德国守门员），选自《足球》杂志，2008

画家似乎想从解剖学角度来表现主题，这个漂亮的沙宣式短发看上去相当不真实，特别是画家还将它们重复排列在画面上。

N°21亚历山德罗·戴拉夸品牌
（意大利），为伊萨店绘制，2011

两个女孩出现在炫日的阳光下，
她们的面孔被强光笼罩。画家用非传
统的方法表现了炎炎夏日的热度。

杂志《灰色金星》的封面，高山
诚司，2009

同一幅图形在画面中重复出现了
四次，不同色调刻画出画面的动感和
深度。

左图

马克·雅可布1995年秋／冬时装展，选自《艺术家》杂志，1995

藤原浩田边让这幅画中的女孩身穿简洁的格子连身裙，略显古怪地牵着小狗。因为小狗在画面之外，所以好奇的观众会去想象：小狗到底在做什么，在长长的链子那端的它正打算去哪里？

右页图

爱马仕1997年春／夏时装展，选自《蓝色风尚》杂志，1998

画面展现的是重复对称的折叠剪纸黑色人形轮廓，人物的裙摆彼此相连，强化了人体姿势形成的拱形和裙边的弧形。

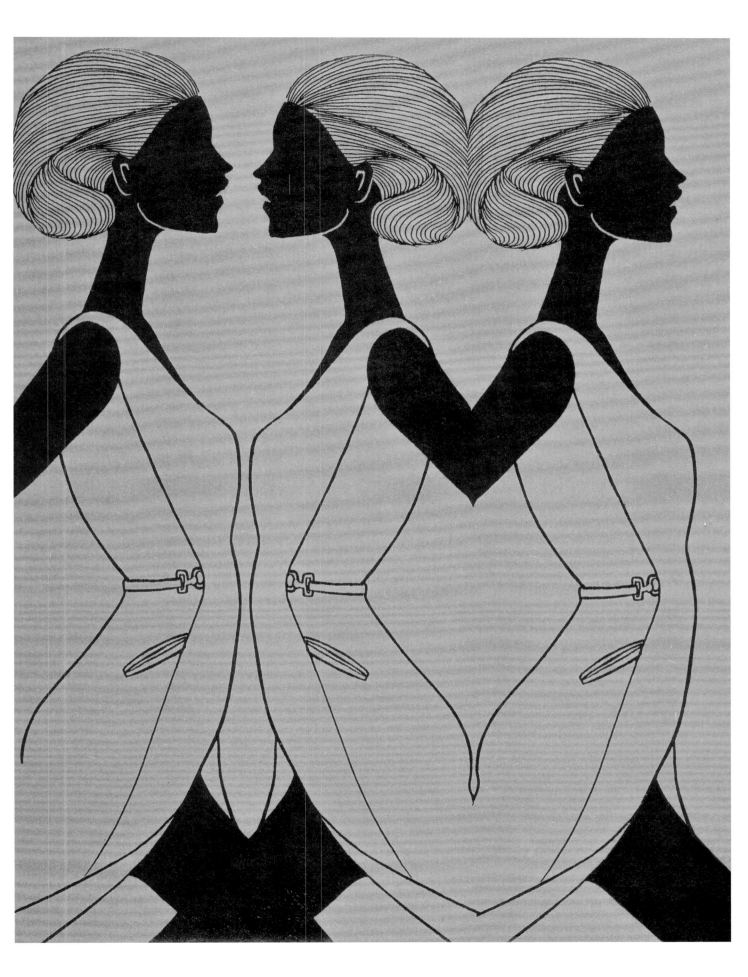

朱莉·范霍文

JULIE VERHOEVEN

　　也许是她的个人表现主义和一种富于进取的创作方法，使得朱莉·范霍文（Julie Verhoeven）成为当之无愧的时装画明星，但她也的确展现了对事业的献身精神和达到这一殊荣所需的高超技艺。她会筹划一场时装秀，在梅菲尔（伦敦的上流住宅区）举办音乐会，设计异国情调的壁纸，出版时装画类型的图书以及参加许多类似的商业创作活动，她所做的这一切，反映出画家如果仅仅把手头的事情做好，对于艺术创作来说，还远远不够。范霍文所代表的是时装画的实用主义，在大卫·唐顿（David Downton）的作品中也有所体现，他们都深知绘画作品具有多样性，都有自我推销的意识和能力，这一点帮助他们顺利地进入更高的艺术殿堂。

　　尽管范霍文的作品有很多表现手法和风格，但很容易识别，这导致她的崇拜者们认为她笔下那些卷曲和不规则的线条以及那些看似随意的画面布局很简单，可以随便模仿。但事实上她的作品需要认真研究，她的创作相当专业也很复杂。每幅作品都有自己的故事，画面色彩平衡而协调，这是画家精心准备、实践和编辑的结果，但最关键的是她具有异于常人的观察事物的天赋。在她的作品前，观众仿佛被施了魔法一样感到迷惑：这些作品是如此独特，还具有相当怪异的时尚感。

　　朱莉·范霍文式的女孩形象——这个相当特别的形象塑造是一个复杂的过程，需要时间和耐心。这样的形象在短时间内不会被公众接受。范霍文笔下那些错综复杂、蜿蜒扭曲的线条让人联想到菲利普·朱利安（Philippe Jullian）后期作品的风格，有着一点躁动不安的特质。她非常善于使用色彩，创作中，她好像是把颜料盒中各种色彩搅在一起，随机的泼溅出她笔下的人物，所以画面表现出类似烟花爆炸的效果。这绝不是画家图一时方便的简单操作，而是她仔细揣摩后选用的技法，是无法被复制的。如果你感觉她的那些顶着夸张发型的模特或叠在一起的图案有一点70年代的味道，好像报纸印刷出来的一样，那绝对是范霍文故意做出来的特效。她是个不折不扣的原创家，甚至在她自己的穿衣方式上也不例外。

右页图

《呵呵呵》，皇家艺术学院的圣诞贺卡，2008

　　贺卡中的音乐模拟器正播放着："月亮上那个人是一位女士"。这不太可能是这张出色的视觉幻想画背后的灵感，但它非常适合这幅画。画中将众多细碎的残片、织物堆积围绕在模特脸部周围，高超的平衡处理使画面有种凄美的效果。

下图

《荣幸之至》，选自《太阳报》，2011

只能用一个词来形容这幅画，那就是"泼墨"，毫不迟疑地以最快的速度进行涂抹，"泼墨"是画面唯一一表现出来的特质，涂涂看，她是怎么做的？

右页图

《强颜欢笑》，《炫耀》，2011

封面上人物的那一瞥，将观众带入画面的氛围中，生硬的黄色与其他颜色逐渐融合形成背景，支撑起整个画面，但黄色并不是画面的主导色。

你出生于何时何地？目前你住在哪里？

我1969年出生于肯特郡的塞文欧克斯，现在住在伦敦。

童年有对你艺术创作影响重大的特殊经历么？

妈妈和爸爸，许多记不清的漫画书，国家美术馆收藏的修拉名画《阿尔涅尔的浴者》中的沐浴者，沿着国王路行驶的敞顶的老式伦敦公交车，电视系列节目"流行音乐精选"、《发型》杂志以及各类音乐等。

你还记得早期绘画的故事（或经历）么？

一张魔幻花园的画和一组为披头士乐队的歌曲《她正要离家》所做的分镜头类型的插画。

能介绍下你最早的作品么？

为约翰·加利亚诺（John Galliano）画艺术品和室内装饰画。

你最喜欢的绘画工具或方式是什么？

没有什么特别的工具或方式，我都喜欢。

你工作时喜欢安静的环境，还是有音乐（广播）的环境？

我喜欢播放高音量的击打乐（或从收音机听）。

你理想的工作是什么样的？

没有期限，创作愉快，没有客户和巨额报酬。

你是"慢功出细活"型还是"速写"型时装画家？

我绘画速度快而且奔放。

你常用速写本么？

不再用了，我现在用整袋或整箱的散页参考资料。

你能描述下你的作品么？

我希望能一直保持提高和进步。

你对你要表现的主题有研究么？是如何进行研究的？

我一直对创作主题做广泛的研究，在许多图书馆进行大量浏览。

你是如何看待个人创作和商业工作的？

它们都来自相同的灵感、参考资料或兴趣，但我只能在个人作品的创作中自由发挥，不受约束。

你有什么要告诉读者的么？

坚持画才是最重要的！

FLAUNT

All Access Excess

上图

《工厂第19号俱乐部》，CDC五
月，2012；《男子汉的脚印》，2012
　　画中的某些局部采用了抽象的表
现技法，并与其他技法协调一致，这两
幅画试图在漫画和肖像画两种风格之间
寻求一个平衡点，完美地展示了范霍文
的个性化创作风格。

上图

《砸我就用一朵花吧！》，玛蕊乐服装细节（意大利），2010年秋/冬时装展，2010

左图

《某个年龄的女人》，2008

脸部、独特的个性和主角漠然的眼神是范霍文很多作品的核心。当她拿起粉彩、钢笔、水彩或是蜡笔时，一个表情生动的人物形象就会跃然纸上，交替使用几种工具，画家可以快速地完成一张富有肌理的速写画。

上图

《自大的混蛋》，2010

超现实主义画家、舞台和服装设计师帕维尔·切利乔夫（Pavel Tchelitchew，俄罗斯先锋艺术家）应该能理解这幅作品所要表达的内容。观众被画家带入复杂的图像迷宫中，只能自己去想像和猜测。

右页图

《大块面的排列》，2009

这幅布局工整的构图在画面中间放置了一件让·保罗·高缇耶式的紧身胸衣，看上去只要有个轴轮就可以旋转活动起来，模具上的金属色加强了画面的机械和工业感。

安娜贝儿·韦鲁瓦
ANNABELLE VERHOYE

将视觉冲击力与美感完美结合需要非凡的创意和天赋，也是许多画家难以企及的高度。但安娜贝尔·韦鲁瓦（Annabelle Verhoye）就可以做到这一点，她采用多层绘画技术绘制出的复杂作品，具有令人惊叹的炫目效果，并能引导观众走进一个魔幻而神奇的世界。除此之外，她的作品还有另外一个特点，就是她对时间的感知和记录，她的作品中既有每天每时的转瞬即逝感，也有一年四季的变换交替。

观看韦鲁瓦的作品，你能体会到画面中的季节和时间，它可能是正午的夏季草坪，也可能是午夜的冬季森林。她的人物似乎正穿过一片乌云或一处花丛，定格成某种特殊感觉的画面，没有僵硬的形式约束，也没有语言文字来补充和描述。很多时装画家的作品都具有类似的叙事性，但韦鲁瓦的不同，她的作品可以做到既让人产生联想，内容又清晰可辨，例如，她有的作品中并没有细致地刻画具体的服装，但观众却能感觉到画中有服饰，并能联想到它可能是印花连身裙或破旧的牛仔裤。

与许多反映现代艺术的时装画家的作品一样，韦鲁瓦的作品中也有一些飘忽的"偶像型"人物形象——但它们并不同于卡通作品中的人物。虽然韦鲁瓦作品中塑造的人物能被观众完全理解和接受，但她的分层技术仍制作出一种飘渺的效果，将奇幻元素植入到她每幅作品的背景故事之中。电脑特效技术已在许多方面拓展了我们的视野，像韦鲁瓦这样的画家既保留了传统手工技艺，也接受了未来科技的洗礼。

在现代艺术形式中，浪漫主义的表达可以有很多种风格，可以温柔婉约或大胆创新，而韦鲁瓦的作品所采用的这种表现形式，使得她的作品更具有叙事性，而不仅仅是绘画技法的展现。

右页图
《闻香识画》，2006
梳着精致的发型，身着华丽的印花不对称礼服，模特凝视着漂浮在玫瑰色花卉海洋中的香水瓶。安娜贝儿·韦鲁瓦将香水瓶的硬朗线条和花卉的柔和线条巧妙地结合在一起，形成一幅具有流动感的画面。

《凯特》，2011

这张时装画的绘制方法和画面剪切技术使这件作品具有强烈的电影风格，画家捕捉到模特移动的一瞬间，她的表情和神态仿佛是电影定格图像或是屏幕截图。

你出生于何时何地？目前你住在哪里？

我出生于德国的韦莫基辛，在法国和德国长大，1998年搬到纽约（曼哈顿），在一所视觉艺术学校攻读插画专业的艺术硕士学位。

童年有对你艺术创作影响重大的特殊经历么？

我的父亲是一个伟大的园丁，疯狂地热爱大自然。

你还记得早期绘画的故事（或经历）么？

我小时候常爱画美丽的公主，有夸张的眼影和高跟鞋，她们都来自今天我已说不出名字的那些童话故事中。

能介绍下你最早的作品么？

我的第一份商业工作是为一个意大利歌剧《纽约客》画插画。

你最喜欢的绘画工具或方式是什么？

我喜欢的绘画工具和形式有很多种。
玻璃上的绘画：

我的绘画技法和概念性构图与古往今来的创作方法在许多方面都是截然不同的。例如，我在一块有机玻璃的反面画画时，有时会因为技法不同而出现排序混乱，结果常常是观众最先看到的是我的第一层画，而最后完成的那一笔油画最靠前，观众却看不到。这就好比森林不会预先设计好该有哪些树木一样。我的作品起稿和完稿都是顺其自然的，创作虽然随意，但绝对忠于主题精神的表现。

裱贴画：

裱贴画是用复杂的线条画将几层精美的图稿组合在一起：例如赏心悦目的图案、亚洲产的优质画纸或纺织品等，将每一层都扫描进电脑，再用Photoshop（绘图软件）进行合并，最后输出的作品是数字文件。

你工作时喜欢安静的环境，还是有音乐（广播）的环境？

我崇拜费雷德里克·肖邦（Frédéric），喜爱钢琴曲。

你是"慢功出细活"型还是"速写"型时装画家？

我画画很慢，也很仔细。

你常用速写本么？

我随身携带一个小的专业绑带式速写本。

你能描述下你的作品么？

我的方式和技法比较接近美术，因此我的作品与许多典型的插画相比具有不同之处。我是在尝试画这样一种画：就是能让观众停下脚步，引起他们的注意，或让观众阅读时无法翻页。我的目标是传达完美和与众不同的作品，它完全忠于事物的本质，并远高于它的表象，我正在寻找更深层次情感的回应，我希望人们不仅是观看我的作品，而且能感受它。

你对你要表现的主题有研究么？是如何进行研究的？

我会光顾书店。

你是如何看待个人创作和商业工作的？

你可以自己感觉。

你有什么要告诉读者的么？

我觉得自己很幸运，能发现自己内心的声音，并能追随自己的热情。

右图
《来自一粒芥菜籽》，2010
这幅画具有浪漫和神秘的韵味，画中那些叶子形和树枝形的造型神似某些不知名的叶子和树，画家高超地演示了如何在创作中寻找创意。

上左图

《双鱼座》，选自《欢乐》杂志，2011

作者捕捉到模特调整硕大太阳镜的瞬间：她拎着两个大包，上面印有三种不同的花卉图案。画面中几种不同的蓝色色块和重复出现的珊瑚题材，使主题内容和谐统一，也缓解了结构上的拥挤感。

上图

《摩羯座》，选自《欢乐》杂志，2011

模特头顶尖角，身穿长颈鹿图案的服装，并用一个花卉手包当作配饰，这样的组合搭配体现了作者的无畏和自信。作者用浓重暗沉的背景和多种技法刻画尖角、手袋和服饰，完美地描绘出他理想中的"梦境"。

右图

《巨蟹座》，选自《欢乐》杂志，2011

柔和的淡彩色织物背景前，时尚的冲浪者在螃蟹和动物图案印花的映衬下，显得格外引人注目，白皙的肤色与像爬虫一样的发型给画面带来平衡感。

下图

《处女座》（裱贴画），选自《欢乐》杂志，2011

模特坐在花丛中凝视着观众，花朵出现在她的服装和蓬松的假发上，她的假发也是由许许多多的小花朵组成。画面上明暗色彩的精确平衡避免了可能出现的结构混乱。

奥特姆·怀特赫斯特

AUTUMN WHITEHURST

奥特姆·怀特赫斯特（Autumn Whitehurst）古怪的绘画方式常令人惊叹。她会在一张残缺的脸上细致地一笔笔勾画眼睛与嘴唇，在几根线条的躯体上，费尽心思地描绘女孩喝饮料的神态。奥特姆·怀特赫斯习惯在画面中舍弃她认为多余的细节，引导观众只将注意力集中在她想让大家看到的元素上。

只有对自己技艺足够自信的画家才可能达到她这样的绘画水准：首先，画家需要非常了解人体比例和人体工学，如果他打算省略画中的某些部分，他要先知道哪些能省略，在哪里省略和为什么省略；其次，画面的结构和线条必须能引发观众的想像，尽管画面的某些地方是空白的，也要能激起观众的联想；最后，画面必须达到整体的平衡和一致，否则观众会觉得困惑。以上几点，奥特姆·怀特赫斯特都以自己的作品做出了完美的答复。

奥特姆·怀特赫斯特作品的另一个显著特点是她对色彩表达和色彩平衡的驾驭能力，她有自己独特的表现方式。例如她的一张作品中以冷色作为画面的中心光源，并逐渐向周围扩展开来，如同花朵绽放一般。这种画风非常有特色，相当个性化，也不会让人感觉难以接受。她的色彩板上都是秋季色彩系列，她非常善于控制画面的色彩感觉，例如用暖色系描绘温馨的感觉，着色

的对象有可能是指尖的一颗石榴，也可能是男模倦怠的眼眸。她作品的艺术感比今天任何一个时装画家都更接近《时尚公报》上的艺术家们的作品，也与著名的画家乔治·勒帕普（Gorges Lepape）和爱德华多·贝托（Eduardo du Bon）的风格非常相似。

从纯时尚的角度讲，怀特赫斯特以她笔下那迷人的眼睛和眼妆而著名，它们栩栩如生、顾盼生辉，你会感觉你可以从页面上直接取下这些缤纷的眼影，当然这只是一种错觉。这种高超的技法也体现在她对指甲油题材的描绘上，众所周知，指甲是作品中最难表现的，但是怀特赫斯特却完成得如此出色。她拥有出色的绘画技艺，擅长平衡画面的结构，反对细节的过度刻画，是一个真正的自然主义时装画家。

右页图
《泡泡糖与皮肤》，2007
粉红色泡泡糖上丝般柔滑的光泽完美地衬托出模特光洁的皮肤，模特脑后低束的发髻与泡泡糖的球形形成巧妙的平衡。

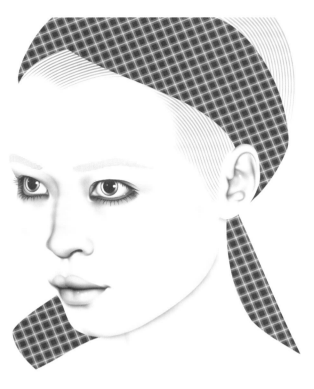

你出生于何时何地？目前你住在哪里？

我1973年11月9日出生于罗德岛州的普洛威顿斯（美国），我在路易斯安那州的奥尔良市长大，现在住在纽约的布鲁克林区。

童年有对你艺术创作影响重大的特殊经历么？

我成长的环境非常具有创意。我父亲在我们住宅后面造了一个小屋，就像卡尔·拉森（Carl Larsson，瑞典水彩画家）水彩画中的那样。即便是现在，那间小屋里还保存着许多奇怪的旧物品，这些神秘的物品带给我很多创作的灵感。还记得小时候，当地有很多画廊和艺术节、聚会，还有狂欢节，每个人都会积极而兴奋地筹备着节日活动，其中就有一起做表演道具的经历。

你还记得早期绘画的故事（或经历）么？

我不确定几岁，但我清楚地记得最早是用一支粉笔画米妮（米老鼠女郎）。当时不知道什么原因，我没有画她的形状，而是先草草地勾勒出她的造型，然后再细致刻画她的脸部和围裙。

能介绍下你最早的作品么？

那是为马里兰州的巴尔的摩市的《城市日报》画插画，当时他们有篇报道叫"疯狂的爱"，我不记得内容了，只记得我当时有点不好意思，稍微有一点。

你最喜欢的绘画工具或方式是什么？

我一直使用数字工具，从起稿到完稿，有时候也不可避免会用到一些传统的绘画工具，我已经考虑这个问题有一阵子了。

你工作时喜欢安静的环境，还是有音乐（广播）的环境？

这取决于我处在创作中的哪个阶段以及我创作的时间。当我尝试酝酿新的构思或在早晨积极思考我的创作时，我绝对喜欢安静；当我专注于描绘画面的质感时，绝对喜欢听一些音乐或广播，这对我一直有帮助。相比下载的音乐，我更喜欢听收音机上的音乐。有时我起床真的太晚了，我会听DJ音乐，它可以提醒我还不是欧米茄男（喻指富人）。

你理想的工作是什么样的？

那些能让我与真正有创造力的客户合作是理想的工作。当与那些我景仰的人交流时，会有很多灵感从我脑海里闪现，并且源源不断，如果我能遇到任何我欣赏的设计师，并与他们进行合作，那真是太棒了！

你是"慢功出细活"型还是"速写"型时装画家？

我相当慢，而且也很仔细，下笔都是屏气凝神的。我近十年来画画没有用过真正意义上的毛刷，我会拔掉毛刷上的短毛，根据需要会不停地拔，直到最后只剩一两根，我真的是那种"细细磨出"最佳效果的画家，会尽可能地保持画面的稳定。有些地方我也画得挺快——只要稍微调整下绘画的方式就行。

你常用速写本么？

我真的很勤奋，很多年来我都携带着，然后停了一段时间后，最近又开始画速写了。我的速写本不仅有我的作品，我也用它来记录很多其他内容：食谱、前夜的梦、透明胶带粘的画作，或者干脆撕下一页用来记事等……速写本可以创造性地解决任何问题。

你能描述下你的作品么？

我觉得自己的作品特点是质感的对比，换句话说就是追随美的方向。

你对你要表现的主题有研究么？是如何进行研究的？

研究创作主题是一件愉快的事情。我一直喜欢研究，以前我会在堆满尘埃的图书馆角落里呆上好几个小时去研究，现在我用网络研究。当我停下来思考的时候，脑海中会产生某些画面，这让我感觉胸有成竹，我会跟随灵感把它们画出来。

你是如何看待个人创作和商业工作的？

诚实地说，我没有机会给自己留很多时间去进行个人创作，但我相信每个画家无论是为公众作画还是为自己作画，这两种创作是彼此互通、具有共性的，如果你若干年后问我这个问题，我可以给你更好的答案。

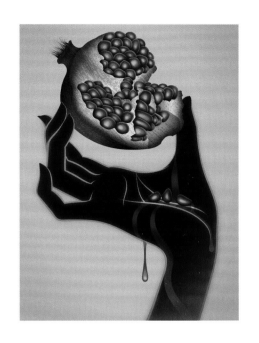

上图

《石榴》，2006

晶莹剔透的石榴被拨开展示，几粒果实和鲜红的石榴汁顺着手心流下。

右图

《压力》，2006

模特的皮肤和头发雪白，她的眼睛似乎感到不适，正用手指轻轻擦拭。指甲油、眼睛和嘴唇的颜色一致，形成整个画面的焦点。

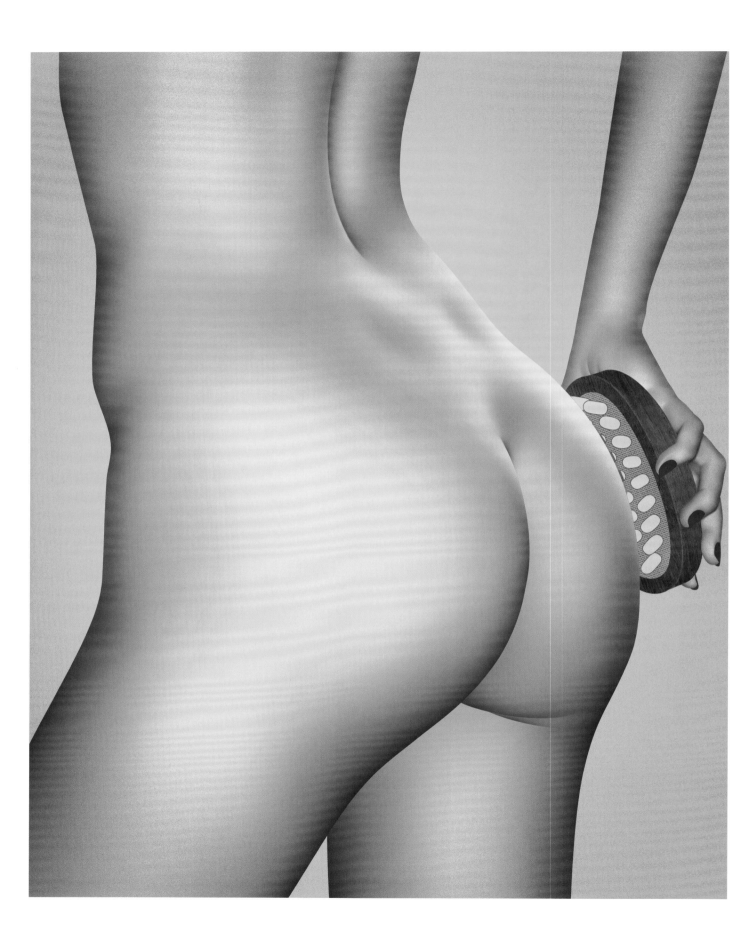

左页图

《美体》，2007

健康、美丽和皮肤护理常常需要一些特写来表现，这里裸露的健美肤质令人艳羡，勾起消费者对美体的强烈渴求。

下图

《美体》，2007

两条腿彼此交错，蛇纹高跟鞋衬托出去角质后皮肤的效果——光洁、细腻。朦胧的背景让画面的焦点集中在腿部和持毛刷的手部。

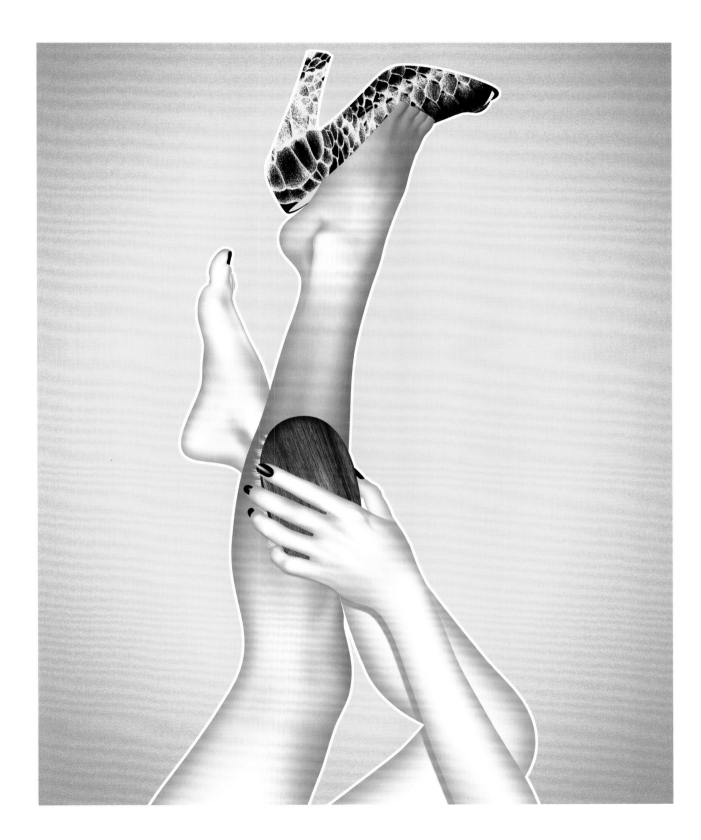

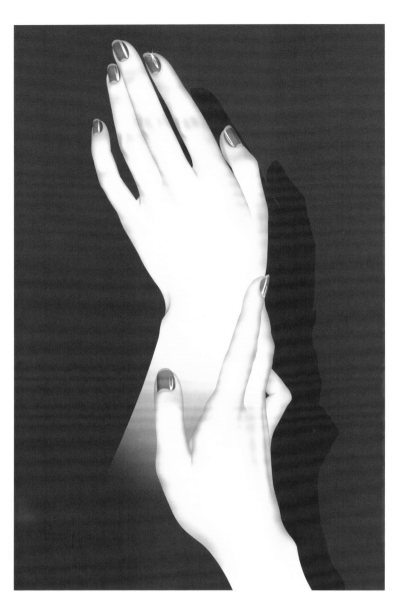

左图

《手》，2007

手的描绘对所有画家来说都具有挑战性，指甲的表现更是增加了绘画的难度，因为皮肤的质感和指甲的人造高光形成对比，这张作品为我们展示了一双完美无缺的手。

下图

《贾斯汀·汀布莱克》（著名美国艺人），2006

这幅画像精致而准确地刻画出名人的木偶特质，浮华背后的真相残忍而无趣。

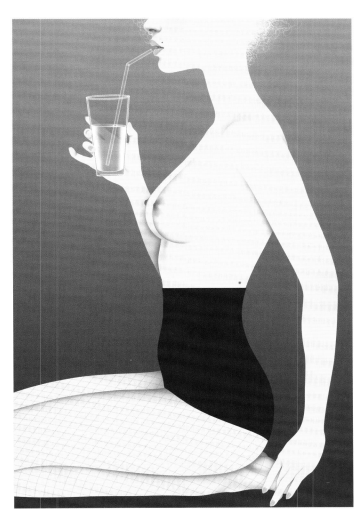

上图

《体形》，2007

在灰暗朦胧的背景前，尽管
模特裸露上身，并身着网眼透明丝
袜，但是她的姿势和杯中清彻的饮
料使画面看起来很酷，而不色情。

上右图

《心理"皮肤病"》，2007

当模特轻拂额头时，你能感觉
到她神情体现出的倦怠、疲劳或是
诱惑，她的眼影和嘴唇闪烁着极富
光泽的金色，神态完美无瑕，犹如
一张面具。

李察·彼得·温纳特
RICHARD PETER WINNETT

奔放的画风是表现主题的一个极好方式。李察·彼得·温纳特（Richard Peter Winnett）在他那些性感大胆的作品中就展示了这种技法。但是他的其他一些作品则表现出细腻的柔情和优雅特质，这表明他不是一个风格单一的画家。他的作品中有个很明显的特点，就是画面具有舞台布景的感觉。我们能感知画面暗示的是什么，尽管他擦掉了许多内容。他画中的人物与其所处的环境关系密切，例如，即便是他那些极简的剪影画，寥寥几笔也绝对准确地勾勒出都市的感觉。

温纳特的作品有好几种风格，有流畅的线条写意画，也有现实主义风格作品。线条画常用黑色作背景，画面富有寓意，结构松散；现实主义风格作品则较为细腻，为国际奢侈品大牌所青睐，例如古驰和路易威登等。他的作品表现出画家对绘画技巧的熟练掌握，例如其中一幅作品：一个女孩神情紧张，乖巧地坐在一张凳子上，一只手拿着口红，这样的画面富于张力，确实引人注目。

温纳特与20世纪的格尔德·格林（Gerd Grimm，德国画家）和伯纳德·布罗萨克（Bernard Blossac，法国画家）对时装画有着相同的看法，即时装画是一种依赖于扎实的绘画技巧的交流表达工具。通过时装画传递时装信息需要画家深入了解创作主题，并有自己独特

的观点——只是简单喜欢衣服或随便画画还远远不够。温纳特画中的人物都是现实中的时尚达人，无论他是画内衣、发型、整台服装秀还是一瓶矿泉水，温纳特都会把他的人物放进一个自己搭建的世界中，创作出一幅满足观众审美的画面。

虽然技法上不同于阿尔贝托·瓦格斯（Alberto Vargas，美国著名的海报招贴画家）的招贴画，但温纳特的作品却有着瓦格斯式的性感，而不是低级粗俗的简单暴露。他的女神以特别的神态，像轻风一样穿越画面，好像是身处画家梦中的香闺。温纳特和很多时装画家一样，对女性充满热爱，他们的眼睛里看不到香艳色情，他们只是简单地通过这种艺术形式来表达自己无尽的爱慕。

下图

《猫面具大衣》，2005

慵懒地蜷缩在堆叠的"大衣"中，模特叼着吸管吮吸饮料的姿态相当诱人，如果你再仔细观察，就会发现她的"大衣"实际上是一堆猫面具图案。

右图

《时尚印花椅中的金发模特》，2004

这张时装画从一个最不寻常的视角描绘了一个非常性感和自信的模特，略显夸张的高跟鞋将她"撑起"在时尚座椅中。

右下图

《塔罗牌上的"平面"女郎》，2008

长发模特蹲坐在一束闪烁的星光前，像一个女妖，甚至是女巫，画面的边缘被模糊虚化，神秘浓妆的眼睛在虚实对比下显得非常醒目。

你出生于何时何地？目前你住在哪里？

我出生于加拿大安大略省的贝尔维尔，目前定居在温哥华。在我很小的时候，我们家移居到美国，但是后来为了读艺术学校我又搬回来了，自那之后就一直住这里。我从东海岸的诺瓦艺术与设计大学毕业后就一直呆在西海岸。我热爱温哥华，因为她美丽的风景和悠闲自在的生活方式。

早期有什么特殊经历对你今天的艺术创作具有重大影响么？

对我创作有绝对影响的是：音乐电视、漫画书、各种电影、走遍美国的旅行、极富艺术才华的哥哥以及在大学读过的各种时尚杂志；艺术家有帕特里克·纳格尔（Patrick Nagel）、弗兰克·米勒（Frank Miller）、毕加索（Picasso），设计师戴维·卡森（David Carson），还有各种"纽约风格"的作品以及为夏奈尔工作的卡尔·拉格菲尔德（Karl Lagerfeld）的设计等。

你还记得早期绘画的故事（或经历）么？

我记得我5岁时总在纸上画卡通人物的脸，当时我是想把表情准确地刻画出来。

能介绍下你最早的作品么？

我第一次商业绘画是为一场国际比赛绘制海报，比赛地点在加拿大新斯科舍的哈利法克斯，那是一幅有关F1赛车题材的油画。

你最喜欢的绘画工具或方式是什么？

我喜欢使用混合工具——用墨水的毛刷，可能会加点丙烯颜料，最后再用电脑处理效果。

你工作时喜欢安静的环境，还是有音乐（广播）的环境？

绝对需要音乐——另类摇滚、舞曲或最流行的音乐作品。

你理想的工作是什么样的？

没有艺术表达上的限制，时间宽裕、预算宽裕的工作非常棒。彼此都满意的合作才会达到最好的效果。

你是"慢功出细活"型还是"速写"型时装画家？

刚开始画的时候速度比较快，这样才能获得流畅的线条。随着细节的不断深入，速度就会慢下来了。

你常用速写本么？

是的，我的速写本上画满各种涂鸦，还有一遍遍有关造型轮廓的练习画作。

你能描述下你的作品么？

画面之下涌动的是生机勃发的色彩与奔放躁动的线条。

你对你要表现的主题有研究么？是如何进行研究的？

我经常浏览时尚杂志和网络，很多时候客户也会提供他们的照片给我参考。

你是如何看待个人创作和商业工作的？

我个人的作品具有更多的实验性：前卫、大胆，个人创作时我敢于冒更大的风险。

你有什么要告诉读者的么？

任何时候都要相信并跟随自己的直觉。

《穿紫罗兰内衣的红发女郎》，2009
这位像玛琳·迪特里希（Marlene Dietrich，德国出生的美国演员）一样的模特，身着充满魅惑的性感内衣，半闭着的眼睛凝视着观众，眼神中充满狡诘和神秘。

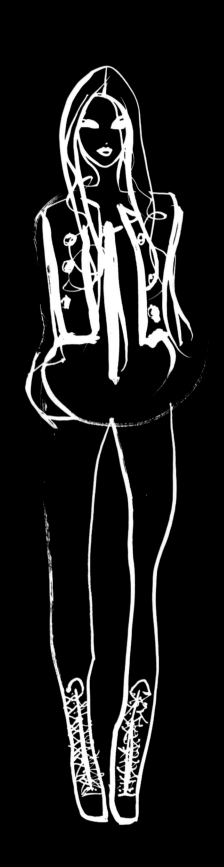

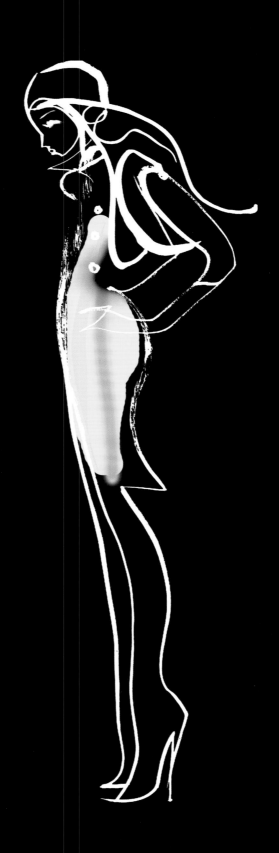

上左图

《圆点连衫裙》，2005

用彩色来渲染一张黑白时装画并不难，但选择什么颜色就需要一双专业的眼睛。温纳特选择海水泡沫的冷色调来衬托黑白衫裙，这个选择的确让人出乎意料。

上图

《克里斯汀·迪奥的海军蓝条纹西装和帕洛玛·毕加索设计的典乐礼服》，选自《在时尚的线条中》，2003

男女模特均身穿条纹服装，画中用不对称下摆和正统西装款式刻画出微妙的区别，让观众来辨认。

前页图

《人造皮革的机车茄克和套色弹力牛仔茄克》，DKNY品牌（美国），2008

多少次失败的创作之后，才能画出这张看似毫不费力的作品？轻快的风格是时装画中最难表现的。

《穿粉红裙的阿德里亚娜》（巴西名模），2005

在一面巨大的镜子前，模特配戴精致的黑色薄纱手套，为画家的创作摆好姿势；柔软的玫瑰色紧身上衣完美地衬托出她的肤色，黑色蝴蝶结和长袜在对比下显得格外醒目。

伊扎克·祖鲁

IZAK ZENOU

　　有些画家想要进入主流画界，常会用时髦女郎填满自己的作品，以获得大家的关注。但对伊扎克·祖鲁（Izak Zenou）而言，这只是他众多"杀手锏"中的其中一个技能，观众常看到的那些单纯、线条优美、细腻柔软的及地长裙的速写画，并非是他唯一的风格。有时候，你也可以看到他那些浓墨重彩的作品，细腻地刻画一群浓妆艳抹的女孩，可以深入精细到每根睫毛和烟熏妆眼影。祖鲁专注于每幅画的细节描绘，例如手镯、高跟鞋和飘扬的衣摆，虽然画得很细，但完全没有过度描绘的痕迹。

　　这就是祖鲁的作品如此受欢迎的原因：它们既可以是某款服装的速写画，也可以是精致到每个细节的复杂人物画。他的作品中既有单色的作品，也有仿佛来自某个季节的丰富色彩系列。但无论是哪种类型的作品，他的每幅画之间都具有紧密的联系，他在每幅画中塑造的女郎都具有相同的特征：勇于尝试新潮流，对时装有自己独特的见解。与那些出现在T台上的超模们不同，她们或是在自己的世界里谈笑风生，或是去名品店购物消费，总之，她们一直在体验着丰富的时尚生活，画家塑造的是一群鲜活的人物形象。祖鲁笔下的男性则更为保守和经典，用流行术语来说就是"型男造型"。他们既是摩登的绅士，也是时装广告的缩影。虽然这些男人衣着华丽，但他们却个性鲜明，充满自信而不是虚弱无力，这意味着他们的形象可以适应更多消费者的审美倾向，而不只是一些富裕的精英阶层。祖鲁的大尺寸作品中有一个特点，就是他对画面背景的处理，他喜欢用电影场景的方式让模特站立在一个模糊的背景前，这样，他不仅营造出某种氛围或是舞台效果，还将观众引入到作品背后的故事之中。

右页图

《无题》，约翰·罗布，爱玛仕展览，2006

　　这个光头的绅士正身着精致的男装在工作。画面中选择的中性色使衬衫和领带尤为突出，消瘦的体形在身后竖条纹幕布的映衬下，不再显得那么突兀。

你出生于何时何地？目前你住在哪里？

我1964年出生于巴黎，并在那里长大。我的家庭来自阿尔及利亚。过去14年以来，我一直住在纽约。

童年有对你艺术创作影响重大的特殊经历么？

我家里有五位女性，这对我影响很大。我经常画我的姐姐伊莎贝尔，你能在我的早期作品中看到许多她的肖像画。此外，我也受到很多艺术家的灵感启发，例如奥黛丽·赫本（Audrey Hepburn）和伊娜·德拉弗拉桑热（Inés de la Fressange），还有艺术家图卢兹·劳特累克（Toulouse-Lautrec）和雷内·格劳（René Gruau）。

我后来进了巴黎高等艺术学院的夜校学习。在那里我遇到了鼓励我从事插画的人，也就是在那里，我遇到了一个真正支持我往这个方向发展的人。我参加了很多时装展，我努力刻画服装的整体美感，而不仅仅是记录下具体的款式。随后我去了时装街区学习手绘技巧，继续通过大量的实践刻苦练习。

《无题》，爱玛仕展上的约翰·罗布（英国）的鞋子，2006

乌鸦暗示着模特具有埃德加·爱伦坡（Edgar Allan Poe，著名美国小说家）式的时髦特征。有一点很明显，就是这个花花公子是波希米亚和现代派的忠实拥趸，他那精心修饰的蓬乱发型和双色搭配的皮鞋，都充分表明了他的兴趣特点。

你还记得早期绘画的故事（或经历）么？

我从记事起就开始画画。这应该是我的天赋。我记得最早画的是一些小丑，我特别喜欢画马和小丑。七岁时我画了第一个小丑，当时家里人都很惊奇，我现在有点后悔，为何当初把它撕毁了。

能介绍下你最早的作品么？

我的第一份插画工作是为法国卡林国际时尚预测机构作画。他们预测时尚潮流与趋势，我负责给他们的书配图。和他们的合作让我进步很大，因为他们也做广告，所以从那时起，我就开始为他们画故事脚本，他们喜欢我的作品。

我有个特点是我不仅画插画，我还设计服装；当我们公司预测未来潮流和趋势时，我也是创意头脑风暴的成员之一。我还同PromoStyle（国际时尚趋势研究和设计机构）、贝司莱尔公司（法国色彩趋势调查公司）合作，它们都是做流行趋势预测的。

你最喜欢的绘画工具或方式是什么？

我最喜欢的工具是水笔和水彩。

你工作时喜欢安静的环境，还是有音乐（广播）的环境？

我喜欢工作时有点音乐，但有时也可以没有，这取决于工作的强度，音乐会带给我灵感。

你理想的工作是什么样的？

至今以来我都很满意我所做的工作，也可以说我以前的工作都很棒。对我而言，最好的工作是下一个，我将尝试制作电影，也期待与其他艺术家的合作。

你能描述下你的作品么？

我很难描述自己的作品，我的作品自发性很强，我相信这是源于内心的诚实，它们是本能的体现，本质上有点怪异，是对"我是谁？"以及我眼中世界的真实思考和表达。

你对你要表现的主题有研究么？是如何进行研究的？

大多数时候，我不会去研究。我会跟随灵感画很多我看到的事物或自己的内心感受。我只有在遇到不熟悉的事物或对象具有某种特殊含义的时候，才会去做点研究。我会查阅书籍或网络搜索，还会拍些照片；多数情况下，我观察周围的世界，并从我眼中的景象获得灵感。

当某个想法从脑海里跳出来的时候，我不再感到闭塞和困惑，随后的创作就会一气呵成，自然而且流畅。

你是如何看待个人创作和商业工作的？

我不认为我的作品中有明显的商业创作动机，所以作品的表现相当自由，我跟随自己的内心随心所欲地进行创作。通常个人创作会比商业工作更加有趣，所以我一直坚持在工作中为自己而画，这样可以保持创意源源不断，不会枯竭。

在创作时，我需要融入角色之中，并被自己描画的角色所诱惑。如果我能被作品中某个元素的某种表情所触动，我认为这个作品就成功了，而这种情况发生时，我通常都能感觉到，我也会更加努力让它成为事实。

你有什么要告诉读者的么？

我很乐意分享这些年来的绘画心得。我是个非常活泼外向的女性，这一点我自我感觉很棒。如果我能带给观众以视觉享受，这就是我的艺术成就。

《无题》，亨利·班德尔百货公司（纽约），2011

时装画通常难以刻画出具体的季节和时间。在这张画中，大海的颜色、空旷的海滩以及吹扬起模特发梢的海风，都暗示我们这是在夏季末期。

上图

《无题》，选自《法国之行》，2009

最富有魅力的人群可能会出现在机场——这幅时装画体现了题材选择的最大优势之一：只要有合适的表现对象，只要符合色调需要，时髦与否不重要，也无需动用造型师，时装画家就能表现出非比寻常的精彩效果。

右图

《无题》，艾特修（艺术投行），2011

作者描绘的是都市精品画廊中的时尚人群。画面前端左右两侧的男人支撑起画面的整个构图，形成了一种特殊的平衡感。画中谁可能是那个举办画展的艺术家呢？

上图

《无题》，亨利·班德尔百货公司
（纽约），2011

亨利·班德尔（Henri Bendel）的
包袋对于熟知奢侈品的人来说就是身份
的标签。画中模特沿着人行道被一群宠
物狗拖曳前行，她俏丽的身影遮住了背
后摆满包袋的橱窗。

上右图

《无题》，亨利·班德尔百货公司
（纽约），2011

宠物狗和女模特曼妙的姿态与墙壁
上悬挂的相框形成工整的构图。整张画
中，表现最佳的当属相框中衔着名牌手
包的宠物狗照片。

上图

《无题》，萨玛利丹百货公司（巴黎），2007

在淡化成黑白胶片似的街道背景前，身着精致合体的夏奈尔红色套装的模特靓丽惊艳。

右图

《海滩女郎》，亨利·班德尔百货公司（纽约），2010

时装画中的配饰具有很强的暗示性。这张画中的条纹阳伞和模特手腕上的多串手镯，让观众很容易猜到模特是身处一个时尚度假胜地。